普通高等教育"十三五"规划教材
电工电子基础课程规划教材

数字信号处理实验与课程设计教程
——面向工程教育

戴 虹 编著

U0304546

电子工业出版社
Publishing House of Electronics Industry
北京·BEIJING

内 容 简 介

本书是数字信号处理课程的实验与课程设计项目教材，基于 MATLAB 编程，配合理论授课内容与应用型本科专业人才培养的教学目标而编写，具有鲜明的工程教育特色。全书分为上、下两篇。上篇为数字信号处理实验项目，共 6 个实验：离散时间信号与系统的时域分析、离散时间信号与系统的频域及复频域分析、DFT/FFT 频谱分析、数字滤波器的结构实现、IIR 数字滤波器设计、FIR 数字滤波器设计。每个实验均含有若干基础及应用类小实验。下篇是数字信号处理课程设计项目，也是本书具有工程教育特色的精华部分，包括 5 个课程设计：音频/语音信号处理、心电信号分析与处理、振动信号处理、信号处理在通信系统中的应用、天文/电力/金融信号分析与处理。每个课程设计均包含若干子设计，反映了数字信号处理在各个工程领域中的应用，力求使读者对数字信号处理课程产生浓厚的兴趣，并掌握数字信号处理的 MATLAB 仿真实践方法，培养读者的项目设计及创新能力。本书内容翔实，提供配套的实验与课程设计项目的程序源代码、实验数据。

本书适合作为普通高校通信工程、电子信息工程、测控、自动化、计算机科学等专业数字信号处理实验与课程设计的教材，也可作为相关领域工程技术人员的参考书籍。

图书在版编目（CIP）数据

数字信号处理实验与课程设计教程：面向工程教育/戴虹编著. —北京：电子工业出版社，2020.4

ISBN 978-7-121-37530-9

Ⅰ.①数… Ⅱ.①戴… Ⅲ.①数字信号处理－高等学校－教材 Ⅳ.①TN911.72

中国版本图书馆 CIP 数据核字（2019）第 213707 号

责任编辑：王晓庆
印　　刷：北京虎彩文化传播有限公司
装　　订：北京虎彩文化传播有限公司
出版发行：电子工业出版社
　　　　　北京市海淀区万寿路 173 信箱　　邮编：100036
开　　本：787×1 092　1/16　印张：12.25　字数：314 千字
版　　次：2020 年 4 月第 1 版
印　　次：2022 年 1 月第 4 次印刷
定　　价：42.00 元

前 言

信息产业已经成为我国国民经济发展的支柱产业，信息化的基础是数字化，数字化的核心技术是数字信号处理。随着信息化进程的加快，学习数字信号处理理论、方法和应用已成为大学生的迫切需要。"数字信号处理"是通信工程、电子信息工程、测控、自动化、计算机科学等专业的一门非常重要的专业基础课程。本课程的理论性较强，为了使读者加深理解，在系统地讲解基本理论与概念的同时需加强实践练习。同时，为了进一步加深读者对数字信号处理在实际工程领域中的应用的认识，本书大量增加了课程设计项目环节。由于MATLAB软件界面友好、编程方便且含有大量可直接调用的信号处理函数，因此本书采用 MATLAB作为实验的编程语言。

为了进一步加强数字信号处理教学工作，适应高等学校正在开展的课程体系与教学内容的改革，促进我校应用型本科专业课程改革及工程教育的开展，及时反映数字信号处理教学的研究成果，积极探索适应21世纪人才培养的教学模式，作者编写了本书。

与同类教材相比，本书有如下特色。

- 采用"启发式"实验教学法：让读者通过对大量代码的注释、编写和对实验结果图形逐步进行分析，体会数字信号处理相关原理并掌握基于 MATLAB 的数字信号处理实验仿真与项目设计能力。
- 课程设计选题广泛，具有鲜明的工程教育特色：涉及多个工程领域，每个课程设计均详细介绍了算法的设计思想与程序的设计思路及论文的撰写要求，这些课程设计源于数字信号处理的教学实践，凝聚了作者多年的教学经验与教学成果。
- 语言精练，通俗易懂，启发读者进行探究式学习与实践，提高创新能力。

本书共 11 章，分为上、下两篇，上篇是数字信号处理实验项目，下篇是数字信号处理课程设计项目。上篇共 6 章，是数字信号处理理论教学各章节对应的基础型实验及应用型实验，其中基础型实验以验证为主，提供详细的算法原理和程序代码，使读者能够在计算机上运行，通过对程序的注释、结果图形进行分析，逐步体会数字信号处理基本原理；应用型实验以设计为主，使读者根据要求设计数字信号处理算法或系统并编程实现。下篇共 5 章，是数字信号处理在音频/语音信号处理、心电信号分析与处理、振动信号处理等多个工程领域中的应用。课程设计项目的综合性较强，难度和工作量较大，因此可选择若干课程设计分组进行，每组为 3~4 人，组长带领各位组员完成课程设计任务，包括算法设计、编程实现与课程设计论文的撰写等。

- 第 1 章，介绍离散时间信号与系统的时域分析，包含离散时间信号的产生与基本运算、离散时间系统与系统响应、模拟信号的数字处理 4 个基础型实验及 1 个应用型实验。离散时间信号时域处理应用实例的内容是时间平均、滑动平均及相关分析的工程应用。
- 第 2 章，介绍离散时间信号与系统的频域及复频域分析，包含傅里叶变换、Z 变换 2 个基础型实验及 1 个应用型实验。离散时间信号频域/复频域处理应用实例的内容是几种典型的离散时间系统：数字振荡器、数字陷波器、数字谐振器和梳状滤波器的设计方法与频域/复频域特性分析。

- ➢ 第 3 章，介绍 DFT/FFT 频谱分析，包含 DFT、FFT 2 个基础型实验及 1 个应用型实验。DFT/FFT 频谱分析应用实例的内容是用 FFT 实现快速线性卷积运算、音乐信号消噪及太阳黑子周期性分析。
- ➢ 第 4 章，介绍数字滤波器的结构实现，包含 IIR 数字滤波器的基本结构及 FIR 数字滤波器的基本结构 2 个基础型实验。
- ➢ 第 5 章，介绍 IIR 数字滤波器设计，包含模拟滤波器设计、脉冲响应不变法/双线性变换法设计 IIR 数字滤波器 2 个基础型实验及 1 个应用型实验。IIR 数字滤波器的应用实例的内容是利用低通滤波器滤除心电信号中的高频干扰、消除音乐信号中的啸叫噪声、设计数字低通/高通滤波器进行 DTMF 信号的频带分离。
- ➢ 第 6 章，介绍 FIR 数字滤波器设计，包含窗函数法设计 FIR 数字滤波器、频率采样法设计 FIR 数字滤波器 2 个基础型实验及 1 个应用型实验。FIR 数字滤波器的应用实例的内容是设计 FIR 低通滤波器消除心电信号中的干扰、对含噪音乐信号进行消噪、进行文字与图像的 FIR 低通滤波。
- ➢ 第 7 章，介绍音频/语音信号处理，包含音乐信号中的噪声消除、回声消除及双音多频（DTMF）通信设计仿真 3 个子课程设计。
- ➢ 第 8 章，介绍心电信号分析与处理，包含心电信号中的工频干扰估计与消除、心电信号中的 QRS 波检测与孕妇心电图中胎儿心电信号的提取 3 个子课程设计。
- ➢ 第 9 章，振动信号处理，包含振动信号的时域及频域分析、基于振动信号分析的电机轴承故障检测及数字滤波器在地震信号分析中的应用 3 个子课程设计。
- ➢ 第 10 章，介绍信号处理在通信系统中的应用，包含通信信号的幅度调制与解调和频分复用（FDM）2 个子课程设计。
- ➢ 第 11 章，天文/电力/金融信号分析与处理，包含太阳黑子周期性分析、电力谐波信号分析、股价数据分析与处理 3 个子课程设计。

本书内容翔实、数据代码齐全、紧扣实践，课程设计项目涉及多个工程领域，可使读者熟练掌握基于 MATLAB 软件进行数字信号处理仿真实践的方法，让读者学以致用，提高项目设计与创新实践能力。

在实验教学中，可根据教学对象和学时等具体情况对书中内容进行选择，也可以进行适当扩展，参考学时数为 24～32。为适应教学模式、教学方法和手段的改革，本书提供配套的实验与课程设计项目的程序源代码、实验数据，请登录华信教育资源网（http://www.hxedu.com.cn）注册下载，也可登录作者在网络教学平台"学银在线"上开设的数字信号处理在线课程网站（https://www.xueyinonline.com/detail/200183931）下载并获得更多的课程教学资源。

全书由上海第二工业大学戴虹编写与统稿，上海第二工业大学计算机与信息学院院长左健存教授在百忙之中对全书进行了审阅。在本书编写过程中，我校通信工程教研室的李蓓蓓老师、张华老师和徐弘萱老师提出了许多宝贵意见，2004—2015 届通信工程与电子信息工程本科毕业设计学生为课程设计项目提供了部分文字整理和代码调试工作，向大家表示感谢！电子工业出版社的王晓庆编辑为本书的出版做了大量工作，在此一并表示感谢！

本书的编写参考了大量近年来出版的相关技术资料，吸取了许多专家和同仁的宝贵经验，在此向他们深表谢意。

本书的出版获得了上海市属高校应用型本科专业建设基金资助（基金编号为 B50YC180000—2），在此为提供资助的我校应用型本科试点专业"通信工程专业"学科负责同志表示衷心的感谢！

由于数字信号处理技术飞速发展、日新月异，作者学识有限，因此书中误漏之处在所难免，望广大读者批评指正。作者邮箱为 daihong@sspu.edu.cn。

作　者
2020 年 4 月

目　录

下篇　数字信号处理课程设计项目

上 篇

数字信号处理实验项目

实验 1   离散时间信号与系统的时域分析

实验目的: 本实验包含 5 个实验子项目,通过 MATLAB 编程仿真可掌握离散时间信号与系统的时域分析方法,包括以下几种。

1. 典型离散时间信号的产生方法。
2. 离散时间信号的基本运算。
3. 离散时间系统响应及单位脉冲响应的求解。
4. 模拟信号的数字处理方法,掌握时域采样定理。
5. 离散时间信号时域处理的应用实例。

1.1   离散时间信号的产生

一、实验原理

1. 离散时间信号(序列):定义域为离散时刻的信号 $x(n)$。典型序列如下。

(1)实指数序列:$x(n)=a^n u(n)$(a 为实数)。

(2)正弦序列:$x(n)=\sin(\omega n)$。其中,$\omega=2\pi f/f_s$,ω 是数字频率(单位为 rad),f_s 是采样频率(单位为 Hz),f 是信号频率(单位为 Hz)。

(3)复指数序列:$x(n)=e^{j\omega n}=\cos(\omega n)+j\sin(\omega n)$。

(4)单位脉冲序列:$x(n)=\delta(n)=\begin{cases} 1 & n=0 \\ 0 & n\neq 0 \end{cases}$

(5)单位阶跃序列:$x(n)=u(n)=\begin{cases} 1 & n\geq 0 \\ 0 & n<0 \end{cases}$。

(6)矩形序列:$x(n)=R_N(n)=\begin{cases} 1 & 0\leq n\leq N-1 \quad (N\text{为序列长度}) \\ 0 & \text{其他} \end{cases}$。

(7)周期序列:$x(n)=x(n+mN)$(m 为整数)。

正弦序列 $x(n)=\sin(\omega n)$ 成为周期序列的条件是 $\dfrac{2\pi}{\omega}=\dfrac{N}{M}$ 为有理数(M 为整数,$N=\dfrac{2\pi M}{\omega}$ 为周期)。

(8)随机序列:$x(n)$ 为均值为 0、方差为 1 的高斯随机序列,即白噪声。

2. 离散时间信号的获取: $x(n)=x(t)|_{t=nT_s}$ (n 为整数,T_s 为采样周期)。

二、实验环境

1. 计算机 1 台。
2. Windows 7 或以上版本操作系统。

3. MATLAB 7.0 或以上版本软件。

三、实验参考和实验内容

1. 实指数序列、复指数序列

实验参考程序：

```
%ch1prog1.m
clear                                          %清除内存
clc                                            %清屏
%1.实指数序列
n=0:100;                                        %序列的时间范围 n
a=input('参数 a=');                             %输入实指数序列的参数 a
x1=a.^n;                                        %产生实指数序列 x1
subplot(211);stem(n,x1,'.');grid on;           %画 x1
title('实指数序列 x1');
%2.复指数序列
W=input('数字频率 W=');                          %输入复指数序列的数字频率 W
x2=exp(j*W*n);                                  %产生复指数序列 x2
subplot(223);stem(n,real(x2),'.');grid on;     %画 x2 的实部
title('复指数序列 x2 的实部');
subplot(224);stem(n,imag(x2),'.');grid on;     %画 x2 的虚部
title('复指数序列 x2 的虚部');
```

实指数序列与复指数序列如图 1.1 所示。

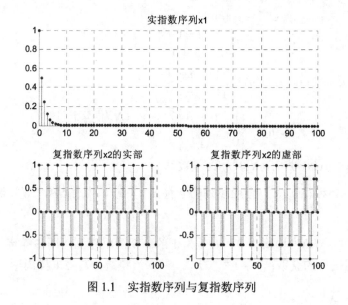

图 1.1　实指数序列与复指数序列

实验内容：

（1）运行本程序，分别绘制：①当 a=0.5 时，实指数序列 x1 的波形；②当 a=2 时，实指数序列 x1 的波形。①和②中，哪个是收敛的序列？

（2）运行本程序，分别绘制：①当 W=0.25*pi 时，复指数序列 x2 的波形；②当 W=0.25 时，复指数序列 x2 的波形。观察 x2 的实部波形，①和②中，哪个是周期序列？周期是多少？

2．单位脉冲序列、单位阶跃序列

实验参考程序：

```
%ch1prog2.m (主程序)
clear
clc
k1=-10;k2=10;                    %序列的时间范围
k0=input('序列时移 k0=');        %序列的时移 (k1<k0<k2)
[fki,ki]=impseq(k0,k1,k2);       %调用产生单位脉冲序列 fki 的函数 impseq.m
[fks,ks]=stepseq(k0,k1,k2) ;     %调用产生单位阶跃序列 fks 的函数 stepseq.m
subplot(211);stem(ki,fki,'.');grid on;title('单位脉冲序列');  %画 fki
subplot(212);stem(ks,fks,'.');grid on;title('单位阶跃序列');  %画 fks
%impseq.m 单位脉冲序列(子函数1)
%输入:k0 为单位脉冲序列产生的时刻, k2 和 k1 为时间上限和下限
%输出:fk 为单位脉冲序列, k 为时移
function [fk,k]=impseq(k0,k1,k2)
k=[k1:k2];                       %时间范围 k
fk=[(k-k0)==0];                  %fk 在 k=k0 时为 1, 即产生 δ(k-k0)
%stepseq.m 单位阶跃序列(子函数2)
%输入:k0 为单位阶跃序列产生的时刻, k2 和 k1 为时间上限和下限
%输出: fk 为单位阶跃序列, k 为时移
function [fk,k]=stepseq(k0,k1,k2)
k=[k1:k2];
fk=[(k-k0)>=0];                  %fk 在 k>=k0 时为 1, 即产生 u(k-k0)
```

单位脉冲序列与单位阶跃序列如图 1.2 所示。

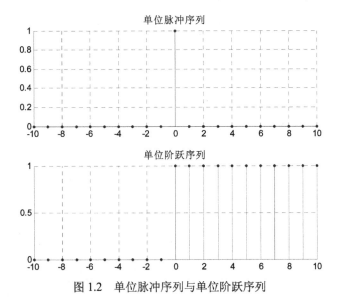

图 1.2　单位脉冲序列与单位阶跃序列

实验内容：

（1）分别绘出 k0=0 和 k0=2 时的 fki 与 fks 的波形。

（2）利用函数 impseq.m 与 stepseq.m 产生下面的序列，写出程序代码并绘图。

　　① 三点平均器：$y_1(k)=1/3[\delta(k-1)+\delta(k-2)+\delta(k-3)]$（$-20\leq k\leq20$）。

　　② 矩形信号：$y_2(k)=R_{10}(k)=[u(k)-u(k-10)]$（$-20\leq k\leq20$）。

3．正弦序列的产生与周期性判断

设正弦序列 $x(n)=\sin(\omega n)$，采样频率 $f_s=64$Hz，信号频率 $f=5$Hz（$0\leq n\leq63$），$\omega=2\pi f/f_s$。

实验参考程序：

```
%ch1prog3.m
clear
clc
N=64;fs=64;f=5;        %_____
n=0:1:N-1;             %_____
w=2*pi*f/fs;           %_____
x=sin(w*n);            %_____
stem(x,'.');title('正弦序列 x(n)'); %_____
grid on;xlabel('n');ylabel('x(n)');
```

正弦序列如图 1.3 所示。

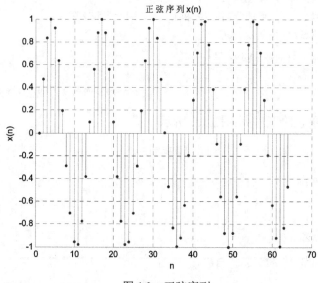

图 1.3　正弦序列

实验内容：

（1）在%后的横线上填入注释。

（2）运行上述程序，绘制序列波形。

（3）设双音多频（DTMF）信号为 $x(n)=\sin(\omega_1 n)+\sin(\omega_2 n)$，$f_1=697$Hz，$f_2=1336$Hz，采样频率 $f_s=8000$Hz，n 为 0～799。编程产生 $x(n)$，绘制 $x(n)$波形并用 sound 函数监听该信号。

（4）设 $x(n)=\sin(0.25n)$，编程绘制 $x(n)$波形。此信号是周期序列吗？

4．随机序列

实验参考程序：

```
%ch1prog4.m
clear
clc
N=1000;n=0:N-1;
x=randn(1,N);            %产生长度为 N 的随机序列
s=std(x)                 %随机序列的均方差 s
m=mean(x)                %随机序列的均值 m
stem(n,x,'.');grid on;title('随机序列 x(n)');xlabel('n');ylabel('x(n)'); %绘图
```

实验内容：

（1）运行上述程序，绘制序列波形。

（2）该随机序列的均方差 s、均值 m 是多少？

四、实验报告要求

1．简述实验目的。

2．预习实验原理。

3．实验结果及分析。包括注明程序注释、画出实验运行结果波形、回答实验中提出的问题，如果有程序设计要求，那么请列出程序清单并简要叙述程序调试过程。

1.2　离散时间信号的基本运算

一、实验原理

设序列分别为 $x_1(n)$ 和 $x_2(n)$，离散时间信号的基本运算如下。

（1）加/减法运算：$x_1(n)\pm x_2(n)$。注：$x_1(n)$ 和 $x_2(n)$ 相同序号的序列值相加或相减。

（2）乘法运算：$x_1(n)x_2(n)$。注：$x_1(n)$ 和 $x_2(n)$ 相同序号的序列值相乘。

（3）移位运算：$x_1(n-m)$（m 为整数，$m<0$ 为左移，$m>0$ 为右移）。

（4）尺度变换（翻转）运算：$x_1(an)$（a 为常数，当 $a=-1$ 时，为翻转运算）。

（5）后向差分：$x_1(n)-x_1(n-1)$。

（6）求和：$y(n)=\displaystyle\sum_{m=-\infty}^{n} x_1(m)$。

（7）卷积和：$x_1(n)*x_2(n)=\displaystyle\sum_{m=-\infty}^{\infty} x_1(m)x_2(n-m)$。

（8）相关运算：序列 $x(n)$ 的自相关函数为 $r_{xx}(n)=\displaystyle\sum_{m=-\infty}^{\infty} x(m)x(n+m)$；序列 $x(n)$ 和 $y(n)$ 的互相关函数为 $r_{xy}(n)=\displaystyle\sum_{m=-\infty}^{\infty} x(m)y(n+m)$。

（9）序列的奇偶分解：$y(n)=y_e(n)+y_o(n)$；$y_e(n)=1/2[x(n)+x(-n)]$；$y_o(n)=1/2[x(n)-x(-n)]$。

二、实验环境

1. 计算机 1 台。
2. Windows 7 或以上版本操作系统。
3. MATLAB 7.0 或以上版本软件。

三、实验参考和实验内容

1. 加/减法、乘法、尺度变换、翻转、移位、求和、后向差分运算

实验参考程序：

```
%程序说明：该程序包含 1 个主程序和 3 个子函数，3 个子函数分别进行：加/减/乘法、尺度变换/翻
转/移位、求和/后向差分运算
%ch1prog5.m  (主程序)
clear
clc
k1=-2:4;                          %信号 fk1 的时间范围 k1
fk1=[-2 1 3 1 -1 -1 2];           %信号 fk1
k2=0:4;                           %信号 fk2 的时间范围 k2
fk2=[1 2 3 3 2];                  %信号 fk2
subplot(221);stem(k1,fk1);grid on;title('fk1');  %画 fk1
subplot(222);stem(k2,fk2);grid on;title('fk2');  %画 fk2
disp('输入基本运算的种类(method)1.加/减/乘法 2.尺度变换/翻转/移位 3.求和/后向差分
');
method=input('method=');          %选择基本运算的种类
switch method
    case 1                        %method=1: fk1 和 fk2 的加/减/乘法运算
        [k,fkadd, fksub,fkmul]=fkaddmul(k1,fk1,k2,fk2)
        %调用 fkaddmul 函数进行运算
        subplot(234);stem(k,fkadd);grid on;title('fkadd=fk1+fk2');%绘图 fkadd
        subplot(235);stem(k,fksub);grid on;title('fksub=fk1-fk2');%绘图 fksub
        subplot(236);stem(k,fkmul);grid on;title('fkmul=fk1*fk2');%绘图 fkmul
    case 2                        %method=2: fk1 的尺度变换/翻转/移位运算
        a=input('尺度 a=');         %尺度参数 a
        k0=input('位移 k0=');       %位移参数 k0
        [k,fk]=fktrans(k1,fk1,a,k0);%调用 fktrans 函数进行运算
        name1=strcat('fk1(',num2str(a),'k','+',num2str(k0),')');
        subplot(223);stem(k,fk);grid on;title(name1);  %绘图 fk
    case 3                        %method=3: fk1 和 fk2 的求和/后向差分运算
        [k,fksum,fkdiff]=fksumdiff(k1,fk1);  %调用 fksumdiff 函数进行运算
        subplot(223);stem(k(2:end),fkdiff);grid on;title('fk1 的一阶后向差分
');%绘图 fkdiff
        subplot(224);stem(k,fksum);grid on;title('fk1 的求和运算');  %绘图 fksum
    otherwise
        disp('error use');              %出错信息
```

```
        break;
end
%fkaddmul.m  序列的加/减/乘法运算（子函数 1）
%输入:fk1 和 fk2 为两个序列,k1 和 k2 为 fk1 和 fk2 的序号
%输出:k 为输出序列的序号,fkadd 为 fk1+fk2, fksub 为 fk1-fk2,fkmul 为 fk1*fk2
function [k,fkadd, fksub,fkmul]=fkaddmul(k1,fk1,k2,fk2)
k11=k1(1);k12=k1(end);k21=k2(1);k22=k2(end);
ki=min(k11,k21);kend=max(k12,k22);k=ki:kend;      %k 的时间范围
fk1out=[zeros(1,k11-ki) fk1 zeros(1,kend-k12)];  %fk1 和 fk2 前后补零，使其长度相同
fk2out=[zeros(1,k21-ki) fk2 zeros(1,kend-k22)];
fkadd=fk1out+fk2out;                  %fkadd=fk1+fk2
fksub=fk1out-fk2out;                  %fksub=fk1-fk2
fkmul=fk1out.*fk2out;                 %fkmul=fk1*fk2
%fktrans.m  序列的尺度变换/翻转/移位运算（子函数 2）
%输入:fk1 为信号,k1 为 fk1 的序号,a 为尺度,k0 为左移的位数
%输出:fk 为 fk1(a*k1+k0),k 为 fk 的序号
function [k,fk]=fktrans(k1,fk1,a,k0);
k11=k1(1);k12=k1(end);
k=min(ceil((k11-k0)/a),floor((k12-k0)/a)):max(ceil((k11-k0)/a),floor((k12-
k0)/a));%时间范围 k
i1=k(1)*a+k0;i2=k(end)*a+k0;
fk=fk1(find(k1==i1):a:find(k1==i2));      %计算 fk
%fksumdiff.m  序列的求和/后向差分运算（子函数 3）
%输入:fk1 和 k1 为序列 fk1 及其序号
%输出:k 为输出序列的序号,fksum 为 fk1 的求和,fkdiff 为 fk1 的一阶后向差分
function [k,fksum,fkdiff]=fksumdiff(k1,fk1)
k=k1;
fkdiff=diff(fk1);                     %计算一阶后向差分 fkdiff
for i=k1(1):k1(end)
    ki=find(k==i);
    fksum(ki)=sum(fk1(1:ki));         %求和运算 fksum
end
```

序列的基本运算如图 1.4 所示。

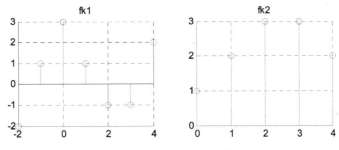

图 1.4　序列的基本运算

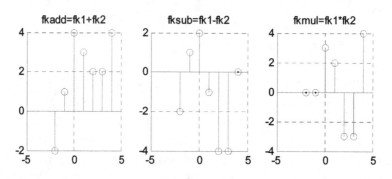

图1.4　序列的基本运算（续）

实验内容：

（1）fk1=[−2 1 3 1 −1 −1 2]（k=−2～4，$k \in \mathbf{Z}$），fk2=[1 2 3 3 2]（k=0～4，$k \in \mathbf{Z}$）。分别绘出当method=1,2,3时的输出序列。其中当method=2时，尺度a和位移k0需要自行输入（可自选）。

（2）改变fk1、fk2，重做（1）：fk1=[1 1 1]（k=−1～1，$k \in \mathbf{Z}$），fk2=[0.5 1 1.5 2 1.5 1 0.5]（k=−3～3，$k \in \mathbf{Z}$）。

（3）产生$f_1[k]$=[1 1 1 1 0 1 2 1 0]（k=−4～4），$f_2[k]$=1/2{$f_1[k]$+$f_1[-k]$}，$f_3[k]$=1/2{$f_1[k]$−$f_1[-k]$}，$f_4[k]$=$f_2[k]$+$f_3[k]$。利用subplot语句将$f_1[k]$～$f_4[k]$绘制在一幅图上。

①列出程序清单，其中，$f_1[-k]$可利用子函数fktrans.m实现。

②$f_1[k]$和$f_4[k]$是否相等？从中可得出什么结论？

2. 序列的卷积运算

实验参考程序：

```
%ch1prog6.m (主程序)
clear
clc
k1=-2:1;                    %序列 f1 及其序号 k1
f1=[1  0  2  4];
k2=-1:2;                    %序列 f2 及其序号 k2
f2=[1  4  5  3];
[y,ky]=convx(k1,f1,k2,f2);  %调用离散卷积运算的函数,输出 f1 与 f2 的卷积 y 及其序号 ky
subplot(221);stem(k1,f1,'.');grid on;title('f1');           %画 f1
subplot(222);stem(k2,f2,'.');grid on;title('f2');           %画 f2
subplot(223);stem(ky,y,'.');grid on;title('f1 与 f2 的卷积 y');   %画 y


%convx.m  带序号的离散卷积函数 (子函数)
%输入:f1 和 k1 为序列 f1 及其序号 k1;f2 和 k2 为序列 f2 及其序号 k2
%输出:y 和 ky 为 f1 与 f2 的卷积 y 及其序号 ky
function [y,ky]=convx(k1,f1,k2,f2)
k11=k1(1);k12=k1(end);
```

```
k21=k2(1);k22=k2(end);
ky=(k11+k21):(k12+k22);        %y 的序号 ky
y=conv(f1,f2);                 %f1 与 f2 的卷积 y
```

序列的卷积如图 1.5 所示。

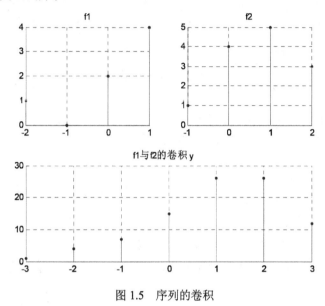

图 1.5　序列的卷积

实验内容：

$f_1[k]$=[1 0 2 4]（k=−2～1），$f_2[k]$=[1 4 5 3]（k=−1～2）的卷积为 $y[k]$。

（1）绘制 $f_1[k]$、$f_2[k]$ 和 $y[k]$ 的波形。

（2）编程实现 $f_1[k-1]$ 与 $f_1[k]*\delta[k-1]$，两者是否相等？反映了卷积的何种性质？

3．序列的相关运算

实验参考程序：

```
%ch1prog7.m（主程序）
clear
clc
k1=0:3;                        %序列 f1 及其序号 k1
f1=[2 1 -2 1];
k2=0:3;                        %序列 f2 及其序号 k2
f2=[-1 2 1 -1];
[y1,ky1]=xycorr(k1,f1,k1,f1);  %调用相关运算的函数,输出 f1 的自相关 y1 及其序号 ky1

[y2,ky2]=xycorr(k1,f1,k2,f2);  %调用相关运算的函数,输出 f1 与 f2 的互相关 y2 及其序号
ky2
subplot(221);stem(k1,f1,'.');grid on;title('f1');             %画 f1
subplot(222);stem(k2,f2,'.');grid on;title('f2');             %画 f2
subplot(223);stem(ky1,y1,'.');grid on;title('f1 的自相关 y1'); %画 y1
```

```
subplot(224);stem(ky2,y2,'.');grid on;title('f1 与 f2 的互相关 y2');    %画 y2
% xycorr.m  带序号的相关函数（子函数）
%输入:f1 和 k1 为序列 f1 及其序号 k1;f2 和 k2 为序列 f2 及其序号 k2
%输出:y 和 ky 为 f1 与 f2 的互相关 y 及其序号 ky
function [y,ky]=xycorr(k1,f1,k2,f2)
k11=k1(1);k12=k1(end);
k21=k2(1);k22=k2(end);
ky=(-k12+k21):(-k11+k22);    %y 的序号 ky
y=xcorr(f2,f1);              %f1 与 f2 的互相关 y
```

实验内容：

求 $f_1[k]$=[2, 1, –2, 1]（k=0～3）、$f_2[k]$=[–1, 2, 1, –1]（k=0～3）的自相关函数和互相关函数，绘出 $f_1[k]$、$f_2[k]$ 和自相关函数、互相关函数的波形。

四、实验报告要求

1. 简述实验目的。

2. 预习实验原理。

3. 实验结果及分析。包括注明程序注释、画出实验运行结果波形、回答实验中提出的问题，如果有程序设计要求，那么请列出程序清单并简要叙述程序调试过程。

1.3　离散时间系统的时域分析

一、实验原理

1. 离散 LTI（线性时不变）系统的零状态响应、零输入响应

离散 LTI 系统可用 N 阶常系数线性差分方程描述

$$\sum_{i=0}^{n} a_i y[k-i] = \sum_{j=0}^{m} b_j f[k-j] \tag{1.1}$$

式中，a_i、b_j 为常数（i=0～n–1，j=0～m–1，a_n=1，$n \geqslant m$）；$f[k]$ 为系统输入；$y[k]$ 为系统的全响应。设系统的 n 个初始状态为 $y[-1], y[-2], \cdots, y[-n]$，则 $y[k]$ 可分解为零状态响应和零输入响应，即 $y[k]$= $y_f[k]$+ $y_x[k]$，其中，$y_f[k]$ 为系统的零状态响应，是系统初始状态为 0，仅由系统输入引起的响应；$y_x[k]$ 为系统的零输入响应，是系统输入为 0，仅由系统初始状态引起的响应。

在时域中，可用迭代法和经典法求解系统的响应，其中迭代法适用于计算机求解。

2. 卷积法求解 LTI 系统的零状态响应

设系统输入为 $f[k]$，单位脉冲响应为 $h[k]$，则系统零状态响应 $y_f[k]$=$f[k]*h[k]$。

3. 离散时间系统的特性

设 $y_1(n)$ 与 $y_2(n)$ 是输入 $x_1(n)$ 与 $x_2(n)$ 的响应，则：

（1）对于线性系统，$x(n)=\alpha x_1(n)+\beta x_2(n)$，$y(n)=\alpha y_1(n)+\beta y_2(n)$；

（2）对于 LTI 系统，$x(n)=x_1(n-n_0)$，$y(n)=y_1(n-n_0)$。

4．实验相关 MATLAB 函数

（1）求解差分方程 y=filter(b,a,x)

其中，x 为输入信号，y 为差分方程的解，b、a 为输入/输出信号前的系数。

（2）求解单位脉冲响应 h=impz(b,a,N)

其中，h 为单位脉冲响应，b、a 为输入/输出信号前的系数，N 为 h(n)的点数。

二、实验环境

1．计算机 1 台。

2．Windows 7 或以上版本操作系统。

3．MATLAB 7.0 或以上版本软件。

三、实验参考和实验内容

1．离散 LTI 系统的零状态响应、零输入响应

某离散 LTI 系统的差分方程为 $y[k]-5/6y[k-1]+1/6y[k-2]=f[k]+f[k-1]$，$y[-1]=0$，$y[-2]=1$，$f[k]=u[k]$（$k=0, 1, 2, \cdots, 20$）。求该系统的零输入响应 $y_x[k]$、零状态响应 $y_f[k]$ 和全响应 $y[k]$。

实验参考程序：

```
%ch1prog8.m
clear
clc
f=ones(1,20);          %输入信号 f
f(1)=0;                %f(-2)=0
f(2)=0;                %f(-1)=0
y(1)=1;                %y(-2)=1
y(2)=0;                %y(-1)=0
yx(1)=y(1);            %yx(-2)=1
yx(2)=y(2);            %yx(-1)=0
for k=3:20             %迭代法求解差分方程
    y(k)=f(k)+f(k-1)+5/6*y(k-1)-1/6*y(k-2); %全响应 y
    yx(k)=5/6*yx(k-1)-1/6*yx(k-2);          %零输入响应 yx
end
yf=y-yx;                                     %零状态响应 yf
%f=ones(1,20);                   %零状态响应 yf 的 filter 函数求解
%b=[1 1];a=[1 -5/6 1/6];
%yf=filter(b,a,f);
k1=-2:17;
subplot(311);stem(k1,yx,'.');grid on;title('零输入响应 yx');     %画 yx
subplot(312);stem(k1,yf,'.');grid on;title('零状态响应 yf');     %画 yf
```

```
%subplot(312);stem(0:19,yf,'.');grid on;title('零状态响应 yf');%画 filter 函数
产生的 yf
subplot(313);stem(k1,y,'.');grid on;title('全响应 y');            %画 y
```

离散 LTI 系统的响应如图 1.6 所示。

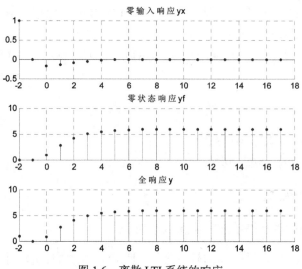

图 1.6　离散 LTI 系统的响应

实验内容:

(1) 绘出 yx、yf 和 y 的波形。

(2) 零状态响应 yf 还可由 filter 函数产生,方法见上述程序中带%的斜体部分。修改该程序,用 filter 函数产生 yf 并绘图。

2. 卷积法求解离散 LTI 系统的零状态响应

某离散 LTI 系统的差分方程为 $y[k]-5/6y[k-1]+1/6y[k-2]=f[k]+f[k-1]$, $y[-1]=0$, $y[-2]=1$, $f[k]=u[k]$($k=0, 1, 2, \cdots, 20$)。求该系统的单位脉冲响应 $h[k]$,并用卷积法求其零状态响应 $y_f[k]=f[k]*h[k]$。

实验参考程序:

```
%ch1prog9.m
clear
clc
k=0:20;                         %时间范围
fk=ones(1,length(k));           %输入序列 fk
b=[1 1];a=[1 -5/6 1/6];         %差分方程的系数 b 和 a
hk=impz(b,a,length(k));         %系统的单位脉冲响应 hk
[yfk,ky]=convx(k,fk,k,hk);      %卷积法求零状态响应 yfk 及其序号 ky(调用离散卷积函数
convx.m)
subplot(311);stem(k,fk,'.');grid on;title('输入信号 fk');          %绘图 fk
subplot(312);stem(k,hk,'.');grid on;title('系统的单位脉冲响应 hk');    %绘图 hk
subplot(313);stem(k,yfk(1:length(k)),'.');grid on;title('卷积法求解的零状态响
```

应yfk'); %绘图yfk

实验内容:

（1）绘制 fk、hk 和 yfk 的波形。

（2）验证 yfk 是否与 1.中的 yf 一致。

3．系统单位脉冲响应和阶跃响应的求解

一离散 LTI 系统的差分方程为 $y(n) - y(n-1) + 0.9y(n-2) = x(n)$，$y(-1) = y(-2) = 0$，设 $x(n)$ 的点数 $N = 100$。

实验内容:

设计程序 ch1prog10.m，完成以下功能。

（1）利用 filter 函数求此系统的单位脉冲响应 $h(n)$，并绘图。

（2）修改输入信号为 $x(n) = u(n)$，求系统的阶跃响应 $y_1(n)$ [注：$u(n)$ 由函数 u=ones(1,N) 产生]。

（3）对于（1）产生的 $h(n)$，利用卷积法求系统的阶跃响应 $y_2(n) = u(n)*h(n)$。问：$y_1(n)$ 和 $y_2(n)$ 是否相同？

4．离散时间系统的线性、非线性判断

设一离散时间系统的差分方程为 $y(n) - 0.4y(n-1) + 0.75y(n-2) = 2.2403x(n) + 2.4908x(n-1) + 2.2403x(n-2)$，输入三个不同的序列 $x_1(n)$、$x_2(n)$ 与 $x(n) = ax_1(n) + bx_2(n)$，求输出响应 $y_1(n)$、$y_2(n)$ 及 $y(n)$。

实验参考程序:

```
%ch1prog11.m
clear
clc
n=0:40;
a1=2;b1=-3;
x1=cos(2*pi*0.1*n);          %信号x1
x2=cos(2*pi*0.4*n);          %信号x2
x=a1*x1+b1*x2;               %信号x
b=[2.2403 2.4908 2.2403];    %差分方程的系数
a=[1 -0.4 0.75];
y1=filter(b,a,x1);           %求当输入为x1时系统的输出y1
y2=filter(b,a,x2);           %求当输入为x2时系统的输出y2
y=filter(b,a,x);             %求当输入为x时系统的输出y
yt=a1*y1+b1*y2;              %求yt=a1*y1+b1*y2
```

系统的线性、非线性判断如图 1.7 所示。

实验内容:

（1）在程序中补充绘图语句，运行此程序，画出 x1、x2、y 与 yt。

（2）y 与 yt 是否相同？该系统是线性系统吗？

（3）思考题：修改系统为 $y(n) = x(n)x(n-1)$，重新运行该程序后观察波形，该系统是否为线性系统？

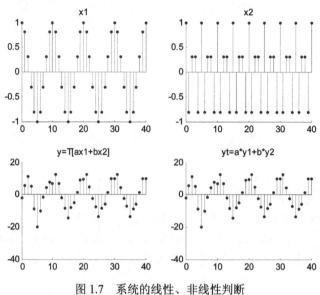

图 1.7　系统的线性、非线性判断

四、实验报告要求

1. 简述实验目的。

2. 预习实验原理。

3. 实验结果及分析。包括注明程序注释、画出实验运行结果波形、回答实验中提出的问题或思考题（选做），如果有程序设计要求，那么请列出程序清单并简要叙述程序调试过程。

1.4　模拟信号的数字处理

一、实验原理

1. 信号的采样

对连续时间信号 $x_a(t)=Ae^{-at}\sin(\Omega_0 t)u(t)$ 进行采样，采样周期为 T，可得采样后的离散时间信号为

$$x_a(n)= x_a(t)|_{t=nT}= Ae^{-anT}\sin(\Omega_0 Tn)u(n)$$

2. 观察采样信号的频谱——离散傅里叶变换（DFT）

设序列为 $x(n)$，长度为 N，则

$$X(e^{-j\omega_k n})=\mathrm{DFT}[x(n)]=\sum_{n=0}^{N-1} x(n)e^{-j\omega_k n}$$

式中，$\omega_k=\dfrac{2\pi}{M}k$（$k=0, 1, 2, \cdots, M-1$），通常 $M > N$，以便观察频谱的细节。$|X(e^{j\omega_k})|$ 为 $-x(n)$ 的幅频谱。

3．连续时间信号采样前后频谱的变化

$$\hat{X}_a(j\Omega)=\frac{1}{T}\sum_{m=-\infty}^{\infty}X_a[j(\Omega-m\Omega_s)]$$

即采样信号的频谱 $\hat{X}_a(j\Omega)$ 是原连续时间信号 $x_a(t)$ 的频谱 $X_a(j\Omega)$ 沿频率轴以采样角频率 Ω_s 为周期重复出现而形成的，幅度为原来的 $1/T$。

4．采样定理

设连续时间信号的最高频率为 f_c，由采样信号无失真地恢复原连续时间信号的条件（采样定理）为：采样频率 $f_s > 2f_c$。

二、实验环境

1．计算机 1 台。
2．Windows 7 或以上版本操作系统。
3．MATLAB 7.0 或以上版本软件。

三、实验参考和实验内容

信号的采样及采样定理：产生采样序列 $x_a(n)=Ae^{-anT}\sin(\Omega_0 nT)u(n)$（$0\leqslant n<50$），其中 $A=44.128$，$a=50\sqrt{2}\pi$，$\Omega_0=50\sqrt{2}\pi$。采样频率 f_s 可变，$T=1/f_s$。

实验参考程序：

```
%ch1prog12.m
clear                              %_____
clc                                %_____
A=444.128;
a=50*sqrt(2)*pi;                   %_____
w0=50*sqrt(2)*pi;
fs=input('输入采样频率 fs=');
T=1/fs;
N=50;
n=0:N-1;
xa=A*exp(-a*n*T).*sin(w0*n*T);     %_____
subplot(221);stem(n,xa,'.');grid;  %_____
M=100;
[Xa,wk]=DFT(xa,M);                 %_____
f=wk*fs/(2*pi);                    %_____
subplot(222);plot(f,abs(Xa));grid; %_____
%DFT 子函数:DFT.m
function [X,wk]=DFT(x,M)
N=length(x);                       %_____
n=0:N-1;
for k=0:M-1
```

```
    wk(k+1)=2*pi/M*k;
    X(k+1)=sum(x.*exp(-j*wk(k+1)*n));    %_____
end
```

信号采样及采样定理的波形如图 1.8 所示。

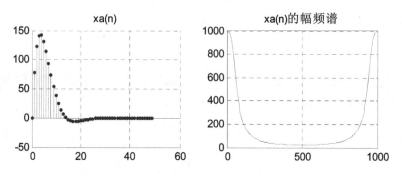

图 1.8　信号采样及采样定理的波形

实验内容：

（1）在%后的横线上填入注释。

（2）分别取 f_s 为 200Hz、300Hz 及 1000Hz，绘出 $x_a(n)$ 及 $|X_a(e^{j\omega k})|$ 的波形。在这三种情况下，哪些出现了频谱混叠现象？出现频谱混叠的原因是什么？

四、实验报告要求

1. 简述实验目的。

2. 预习实验原理。

3. 实验结果及分析。包括注明程序注释、画出实验运行结果波形、回答实验中提出的问题，如果有程序设计要求，那么请列出程序清单并简要叙述程序调试过程。

1.5　离散时间信号时域处理应用实例

一、实验原理

1. 离散时间信号时域处理算法 1——时间平均

时间平均可用来消除周期信号中的随机噪声：对周期为 m 的振动信号 $x(n)=s(n)+u(n)$ [其中，$s(n)$ 是故障信号，为余弦序列；$u(n)$ 为随机噪声] 做时间平均，即把 $x(n)$ 按周期进行 m 分段，将每个周期的对应点相加再做平均，可消除大部分随机噪声。

2. 离散时间信号时域处理算法 2——滑动平均

M 点滑动平均器的表达式为 $y[k]=\dfrac{1}{M}\sum\limits_{n=0}^{M-1}x[k-n]$，其中 $x[k]$ 为输入序列，$y[k]$ 为输出序列，该系统的本质是一个低通滤波器，可滤除信号中的高频噪声。

3. 离散时间信号时域处理算法 3——相关分析

（1）自相关分析应用——从噪声信号中检测周期信号

自相关分析的公式为 $R_{xx}(m)=\dfrac{1}{N}\displaystyle\sum_{n=-\infty}^{\infty}x(n)x(n+m)$，其中 $x(n)$ 为输入序列，$R_{xx}(m)$ 为 $x(n)$ 的自相关函数。设正弦信号 $x(n)=\sin(\omega n)$，可以证明，正弦信号的自相关函数 $R_{xx}(m)=0.5\cos(\omega m)$，还是周期信号。白噪声信号的自相关函数为 $R_{xx}(m)=\sigma^2\delta(m)$，是一个单位脉冲信号，因此，可通过自相关分析，从被白噪声干扰的信号中检测周期信号。

（2）互相关分析应用——测量两个相似信号的延迟时间

互相关分析的公式为 $R_{xy}(m)=\dfrac{1}{N}\displaystyle\sum_{n=-\infty}^{\infty}x(n)y(n+m)$，其中 $x(n)$、$y(n)$ 为输入序列，$R_{xy}(m)$ 为 $x(n)$ 与 $y(n)$ 的互相关函数。当 $y(n)=x(n-n_0)$ 时，$R_{xy}(m)=\dfrac{1}{N}\displaystyle\sum_{n=-\infty}^{\infty}x(n)x(n-n_0+m)$。当 $m=n_0$ 时，$R_{xy}(m)$ 取最大值，因此通过测量 $R_{xy}(m)$ 取最大值时的时间，可以得到这两个相似信号的延迟时间 n_0。

二、实验环境

1. 计算机 1 台。
2. Windows 7 或以上版本操作系统。
3. MATLAB 7.0 或以上版本软件。

三、实验参考和实验内容

1. 时间平均算法

实验参考程序：

```
%ch1prog13.m
clear
clc
n=10;                   %_____
m=input('m=');          %_____
load sip                %_____
x=sip;
s=zeros(1,n);
for i=1:m               %_____
    s=s+x(1+n*(i-1):i*n);
end
s=s/m;                  %_____
k=[0:n-1];
subplot(321);plot(k,x(1:n));grid;    %画原信号 x
subplot(322);plot(k,s);grid;         %画时间平均后的信号 s
i=0:1:n-1;
s0=cos(2*pi*i/n);
ps=sum(s0.^2)/n;
pu=1;
```

```
snr0=10*log10(ps/pu)                %原信噪比
py=sum((s-s0).^2)/n;
snr=10*log10(ps/py)                 %时间平均后的信噪比
```

%含随机噪声的振动信号文件 sip 的产生程序 shu.m
```
clear
clc
n=10;m=1000;                        %n 为振动信号的周期；m 为振动信号的周期数
i=0:1:n-1;
s=cos(2*pi*i/n);
x=zeros(1,n*m);
u=randn(size(1:n*m));               %产生随机信号 u
for j=1:m                           %产生含有噪声的振动信号 x=s+u
    x(1+n*(j-1):j*n)=s+u(1+n*(j-1):j*n);
end
save sip x -ascii                   % 将 x 存为数据文件 sip,以 ascii 码保存
```

实验内容：

（1）在%后的横线上填入注释。

（2）先运行 shu.m，产生数据文件 sip，再运行 ch1prog13.m，分别绘出当 m=10, 100, 500, 1000 时输入/输出信号的波形。在这几种情况下，信噪比各提高了多少 dB?

2．滑动平均算法

设一个受噪声干扰的正弦信号为 $x[k]=10\sin(0.02\pi k)+n[k]$（$k=0, 1, \cdots, 100$），$n[k]$ 是均值为 0、方差为 1 的高斯随机噪声，用 $M=9$ 的滑动平均器抑制信号 $x[k]$ 中的噪声干扰。

实验参考程序：
```
%ch1prog14.m
clear
clc
M=9;
N=100;
k=0:N-1;
nk=randn(1,N);              %_____
sk=10*sin(0.02*pi*k);      %_____
xk=sk+nk;                  %_____
b=ones(1,M)/M;             %_____
a=1;
y=filter(b,a,xk);          %_____
subplot(221);plot(k,xk);hold on;grid on;title('xk=sk+nk');
subplot(222);plot(k,y);grid on;title('滑动平均后的信号 y');
```

实验内容：

（1）在%后的横线上填入注释。

（2）运行该程序，画出原信号 xk 及滑动平均后的信号 y，y 与 xk 相比有何不同？

（3）在程序中添加语句，在第 2 幅图中同时画出 y 及 sk，y 与 sk 相比有何不同？

3．相关分析算法

1）自相关分析

设一正弦信号被高斯白噪声干扰，即 $x(k)=s(k)+n(k)$，其中 $s(k)=\sin(0.1\pi k)$（$k=0\sim500$），$n(k)$ 是均值为 0、方差为 1 的高斯白噪声，对 $x(k)$ 进行自相关分析，求 $R_{xx}(m)$（$m=60$）的波形。

实验参考程序：

```
%ch1prog15.m
clear
clc
N=500;
k=0:N-1;
sk=sin(0.1*pi*k);       %_____
nk=randn(1,N);          %_____
xk=sk+nk;               %_____
Rxx=xcorr(xk)/N;        %_____
m=60;
subplot(211);plot(xk);title('信号xk');grid on;
subplot(212);plot(Rxx(500:500+m));title('信号xk的自相关函数Rxx');grid on;
```

自相关分析如图 1.9 所示。

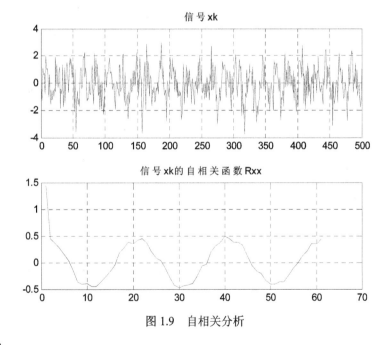

图 1.9　自相关分析

实验内容：

（1）在%后的横线上填入注释。

（2）运行该程序，画出原信号 $x(k)$ 及其自相关函数 $R_{xx}(m)$，观察其波形，它是一个什么信号？该信号的周期 N 是多少？幅度是多少？$R_{xx}(m)$ 在 $m=0$ 处的幅度是多少？为什么？

2）互相关分析

实验参考程序：

```
%ch1prog16.m
clear
clc
n=100;
n0=20;                                       %延迟时间 n0
for i=1:n
    s(i)=10*exp(-0.1*i).*sin(2*pi*2*(i-1)/20);  %原信号 s=x(n)
end
x=zeros(1,n);
x(n0+1:n)=x(n0+1:n)+s(1:n-n0);               %_____
r=xcorr(x,s)/n;                              %_____
r1=r(n:2*n-1);                               %_____
m=0:n-1;
subplot(311);plot(m,s);grid on;title('x(n)');  %画 x(n)
subplot(312);plot(x);grid on;title('x(n-n0)'); %画 x(n-n0)
subplot(313);plot(m,r1);grid on;title('互相关函数 r1'); %画互相关函数 r1
```

互相关分析如图 1.10 所示。

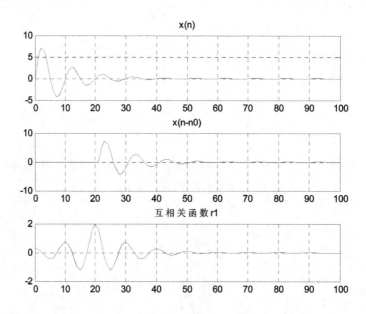

图 1.10　互相关分析

实验内容：

（1）在%后的横线上填入注释。

（2）运行该程序，画出信号 $x(n)$、$x(n-n_0)$ 及它们的互相关函数 r_1，观察其波形，该信号的最大值对应的时间 n_d 是多少? n_d 是否等于所设置的延迟时间 n_0?

（3）改变 n_0 为 40，重新运行程序，此时 n_d 是多少?

四、实验报告要求

1. 简述实验目的。

2. 预习实验原理。

3. 实验结果及分析。包括注明程序注释、画出实验运行结果波形、回答实验中提出的问题，如果有程序设计要求，那么请列出程序清单并简要叙述程序调试过程。

实验 2　离散时间信号与系统的频域及复频域分析

实验目的：本实验包含 3 个实验子项目，通过 MATLAB 编程仿真可掌握离散时间信号与系统的频域及复频域分析方法，包括：

1. 利用傅里叶变换（FT）对离散时间信号与系统进行频域分析；
2. 利用 Z 变换对离散时间信号与系统进行复频域分析，掌握系统零点、极点的绘制方式；
3. 熟悉 Z 变换的应用。

2.1　离散时间信号与系统的频域分析——傅里叶变换（FT）

一、实验原理

1. 序列的傅里叶变换（FT）

序列傅里叶变换的公式为

$$X(e^{j\omega})=FT[x(n)]=\sum_{n=-\infty}^{\infty}x(n)e^{-j\omega n}$$

式中，$x(n)$ 是输入信号；$X(e^{j\omega})$ 是 $x(n)$ 的傅里叶变换。为在计算机上模拟 FT，需将 ω 离散化，取 $\omega=\dfrac{2\pi}{N}k$（$k=0\sim N-1$），$n=0\sim N-1$，则 $X(e^{j\omega})\approx\sum_{n=0}^{N-1}x(n)e^{-j\frac{2\pi k}{N}n}=DFT[x(n)]$（$k=0\sim N-1$）。

2. 傅里叶变换的主要性质

（1）周期性：$X(e^{j\omega})$ 的周期为 2π。

（2）对称性：设 $x(n)$ 为实数信号，则其幅频谱 $|X(e^{j\omega})|$ 偶对称，相频谱 $\varphi(\omega)$ 奇对称。

（3）时移性：设 $y(n)=x(n-n_0)$，则 $Y(e^{j\omega})=e^{-j\omega n_0}X(e^{j\omega})$。

（4）时域卷积定理：设离散线性时不变系统的输入信号为 $x(n)$，单位脉冲响应为 $h(n)$，则输出信号 $y(n)=x(n)*h(n)$；由时域卷积定理得，$Y(e^{j\omega})=FT[y(n)]=X(e^{j\omega})H(e^{j\omega})$。

3. 本实验相关 MATLAB 函数

（1）求信号 $x(n)$ 的傅里叶变换 X=fft(x,N)

其中，x 是输入信号 $x(n)$；N 是进行 DFT 的点数；X 是 $x(n)$ 的 FT，即 $X(e^{j\omega})$。

（2）画信号 $x(n)$ 的幅频谱和相频谱 plot(w,abs(fftshift(X)))、plot(w,angle(fftshift(X)))

其中，w=2*pi*k/N 是数字频率 ω（$k=-N/2\sim N/2-1$）；abs(fftshift(X)) 是 $x(n)$ 的幅频谱 $|X(e^{j\omega})|$（将频谱移动到以 0 为中心）；angle(fftshift(X)) 是 $x(n)$ 的相频谱 $\varphi(\omega)$（将频谱移动到以 0 为中心）。

二、实验环境

1. 计算机 1 台。
2. Windows 7 或以上版本操作系统。
3. MATLAB 7.0 或以上版本软件。

三、实验参考和实验内容

1. 序列的傅里叶变换（FT）

矩形序列为 $x(n)=R_4(n)$，求 $x(n)$ 的傅里叶变换 $X(e^{j\omega})$，画出其幅频谱 $|X(e^{j\omega})|$ 和相频谱 $\varphi(\omega)$。

实验参考程序：

```
%ch2prog1.m
clear
clc
x=[1 1 1 1];              %序列 x(n)
N=64;                     %做 DFT 的点数 N
X=fft(x,N);              %对信号 x(n) 进行傅里叶变换
k=-N/2:N/2-1;
w=2*pi/N*k;              %数字频率 w
subplot(221);plot(w/pi,abs(fftshift(X)));grid on;    %画 x(n) 的幅频谱
title('x(n)的幅频谱|X(ejω)|');xlabel('ω/π');ylabel('|X(ejω)|');
subplot(222);plot(w/pi,angle(fftshift(X)));grid on;;%画 x(n) 的相频谱
title('x(n)的相频谱φ(ω)');xlabel('ω/π');ylabel('φ(ω)');
```

序列的傅里叶变换如图 2.1 所示。

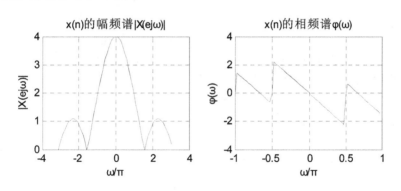

图 2.1　序列的傅里叶变换

实验内容：

（1）运行该程序，观察信号 $x(n)$ 的幅频谱 $|X(e^{j\omega})|$ 和相频谱 $\varphi(\omega)$，它们各有什么特点？

（2）编程实现：修改信号 $x(n)=\delta(n)$，画出信号 $x(n)$ 的幅频谱 $|X(e^{j\omega})|$ 和相频谱 $\varphi(\omega)$。

（3）编程实现：修改信号 $x(n)=a^n u(n)$，画出信号 $x(n)$ 的幅频谱 $|X(e^{j\omega})|$ 和相频谱 $\varphi(\omega)$。理论上讲，当 a 在什么范围时 $X(e^{j\omega})$ 才存在？在程序中设置 a 的值并运行程序，是否验证了这一理论？

2. 傅里叶变换的周期性、对称性和时移性

设序列为 $x(n)=a^n u(n)$（a=0.9），$x(n)$ 的傅里叶变换为 $X(e^{j\omega})$，画出其幅频谱 $|X(e^{j\omega})|$ 和相频谱 $\varphi(\omega)$。为了观察傅里叶变换的周期性，设做 DFT 的点数为 N=64，k=$-2N \sim 2N$，即

$$X(e^{j\omega}) \approx \sum_{n=0}^{N-1} x(n)e^{-j\frac{2\pi k}{N}n}, \quad \omega=2\pi/N \ (k=-2N \sim 2N)$$

实验参考程序：

```
%ch2prog2.m （主程序）
clear
clc
a=0.9;
n=0:63;
x=a.^n;              %序列 x(n)
N=64;                %做 DFT 的点数 N
[X,wk]=DFT2(x,N);%调用 DFT2 子函数，对 x(n) 做 N 点 DFT，k=-2N~2N
subplot(221);plot(wk/pi,abs(fftshift(X)));grid on;     %画 x(n) 的幅频谱
title('x(n)的幅频谱|X(ejω)|');xlabel('ω/π');ylabel('|X(ejω)|');
subplot(222);plot(wk/pi,angle(fftshift(X)));grid on;   %画 x(n) 的相频谱
title('x(n)的相频谱φ(ω)');xlabel('ω/π');ylabel('φ(ω)');



%子函数:DFT2.m
function [X,wk]=DFT2(x,M)
N=length(x);                       %N 为 x 的长度
n=0:N-1;
%%%%
for k=-2*M:2*M                     %对 x 做 N 点 DFT，k=-2M:2M
    wk(k+1+2*M)=2*pi/M*k;
    X(k+1+2*M)=sum(x.*exp(-j*wk(k+1+2*M)*n));
end
```

$x(n)$ 的幅频谱和相频谱如图 2.2 所示。

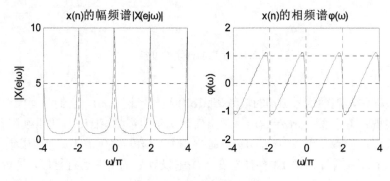

图 2.2　$x(n)$ 的幅频谱和相频谱

实验内容：

（1）运行该程序，画出信号 $x(n)$ 的幅频谱 $|X(e^{j\omega})|$ 和相频谱 $\varphi(\omega)$。

（2）观察幅频谱 $|X(e^{j\omega})|$ 和相频谱 $\varphi(\omega)$，它们是否是周期信号？若是，则周期是多少？

（3）幅频谱 $|X(e^{j\omega})|$ 和相频谱 $\varphi(\omega)$ 是否具有对称性？哪个是偶对称？哪个是奇对称？

（4）编程实现：设序列 $x_1(n)=x(n-n_0)$（$n_0=10$），画出信号 $x(n-n_0)$ 的幅频谱和相频谱，问：其与 $x(n)$ 的幅频谱和相频谱相比，有何不同？$x(n-n_0)$ 的傅里叶变换理论公式是什么？实际波形是否验证了理论公式？

3. 时域卷积定理的验证

实验内容：

（1）编程实现 $y(n)=x_a(n)*h_b(n)$，其中，$x_a(n)=Ae^{-anT}\sin(\Omega_0 nT)u(n)$（$0\leqslant n<50$），$A=1$，$a=0.4$，$\Omega_0=2.0734$，$T=1$，$h_b(n)=\delta(n)+2.5\delta(n-1)+2.5\delta(n-2)+\delta(n-3)$，$Y(e^{j\omega})=\text{FT}[y(n)]$（取做 DFT 的点数 $N=128$），绘出 $|Y(e^{j\omega})|$ 的波形。

（2）编程实现 $X_a(e^{j\omega})=\text{FT}[x_a(n)]$（$N=128$）及 $H_b(e^{j\omega})=\text{FT}[h_b(n)]$（$N=128$）；计算 $Y(e^{j\omega})=X_a(e^{j\omega})H_b(e^{j\omega})$，绘出 $|Y(e^{j\omega})|$ 的波形。问（1）和（2）中 $|Y(e^{j\omega})|$ 的波形一致吗？为什么？

（3）设该程序名为 ch2prog3.m，列出程序清单。

四、实验报告要求

1. 简述实验目的。

2. 预习实验原理。

3. 实验结果及分析。包括注明程序注释、画出实验运行结果波形、回答实验中提出的问题，如果有程序设计要求，那么请列出程序清单并简要叙述程序调试过程。

2.2　离散时间信号与系统的复频域分析——Z 变换

一、实验原理

1. Z 变换（ZT）

离散时间信号 $f[k]$ 的双边 Z 变换为 $F(z)=\sum\limits_{k=-\infty}^{\infty}f[k]z^{-k}$，其中 $z=e^{sT}$ 是复变量。

对 $f[k]$ 进行 Z 变换的 MATLAB 语句为 F=ztrans(f)。其中，f 代表 $f[k]$（注意：f 为用 syms 定义的符号变量），F 代表 $f[k]$ 的 Z 变换。

2. 用部分分式展开法求解 Z 反变换

$$H(z)=\frac{b_0+b_1z^{-1}+b_2z^{-2}+\cdots+b_Mz^{-M}}{1+a_1z^{-1}+a_2z^{-2}+\cdots+a_Nz^{-N}}$$

对 $H(z)$ 进行 Z 反变换的 MATLAB 语句为 [r,p,k]=residuez(b,a)。其中输入部分中，b 为 $H(z)$ 的分子多项式系数，a 为 $H(z)$ 的分母多项式系数；输出部分中，residuez 可将 $H(z)$ 分解为简单

部分分式之和

$$H(z)=\frac{r(1)}{1-p(1)z^{-1}}+\cdots+\frac{r(n)}{1-p(n)z^{-1}}+k(1)+k(2)z^{-1}+\cdots$$

$p(1), p(2), \cdots, p(n)$ 为列向量 $\boldsymbol{p}$；$r(1), r(2), \cdots, r(n)$ 为列向量 $\boldsymbol{r}$；$k(1), k(2), \cdots, k(n)$ 为行向量 $\boldsymbol{k}$。

已知 $\boldsymbol{r}$、$\boldsymbol{p}$、$\boldsymbol{k}$，即可写出 $h(n)$ 的表达式

$$h(n)=\{r(1)[p(1)]^n + r(2)[p(2)]^n+\cdots+r(n)[p(n)]^n\}u(n)+k(1)\delta(n)+k(2)\delta(n-1)+\cdots$$

3．系统的单位脉冲响应 h[k] 和系统函数 H(z) 的零极点分布图

（1）离散时间系统的单位脉冲响应 $h[k]=T[\delta(k)]$，设系统函数为

$$H(z)=\mathrm{ZT}[h(k)]=\frac{b_0 + b_1 z^{-1} + b_2 z^{-2} + \cdots + b_M z^{-M}}{1 + a_1 z^{-1} + a_2 z^{-2} + \cdots + a_N z^{-N}}$$

求单位脉冲响应的 MATLAB 语句为 h=impz(num,den,k)。其中，num=[b_0, b_1, $\cdots$,b_m]，den=[a_0, a_1, $\cdots$,a_n]，k 为 h[k] 的时间范围。

（2）$H(z)$ 的极点是使 $H(z)$ 的分母多项式等于 0 的点，零点是使 $H(z)$ 的分子多项式等于 0 的点。求 $H(z)$ 零点、极点的 MATLAB 语句为 zplane(num,den)。

4．复频域求解离散时间系统的零状态响应

求解 N 阶离散 LTI 系统的零状态响应 $y_f[k]$ 的步骤如下：
（1）求解系统函数 $H(z)$ 和输入 $f[k]$ 的 Z 变换 $F(z)$；
（2）$Y_f(z)=H(z)F(z)$；
（3）$y_f[k]=\mathrm{ZT}^{-1}[Y_f(z)]$。

5．利用 Z 变换分析系统的频域特性

求系统频率响应的 MATLAB 语句为[H,w]=freqz(num,den,N)。其中，num=[b_0, b_1, $\cdots$,b_m]，den=[a_0, a_1, $\cdots$,a_n]，w 为数字频率，N 为频率响应的点数。

二、实验环境

1. 计算机 1 台。
2. Windows 7 或以上版本操作系统。
3. MATLAB 7.0 或以上版本软件。

三、实验参考和实验内容

1．Z 变换（ZT）

已知 $f[k]=[(1/2)^k+\cos(ak)]u(k)$，求 $f[k]$ 的 Z 变换。

实验参考程序：

```
%程序:ch2prog4.m
clear
clc
```

```
syms a f k                    %定义符号变量a,f,k
f=(1/2)^k+cos(a*k);           %产生f[k]
F=ztrans(f)                   %对f进行Z变换
```

实验内容：

运行上述程序，在命令窗口中读出 f 的 Z 变换 F=＿＿＿＿＿＿＿＿＿＿＿＿＿＿＿＿

2. 用部分分式展开法求解 Z 反变换

求 $H(z)=\dfrac{5z^{-1}}{1+z^{-1}-6z^{-2}}$（|z|>3）的 Z 反变换 $h[k]$。

实验参考程序：

```
%程序：ch2prog5.m
clear
clc
num=[0 5];
den=[1 1 -6];
[r,p,k]=residue(num,den)
```

实验要求：

（1）运行上述程序，在命令窗口观察，输出[r,p,k]是什么？

（2）求 $f[k]=ZT^{-1}[F(z)]$。

（3）编程实现：求 $H(z)=\dfrac{4z^3-21z^2-18z}{(z^2-5z+6)(z-1)}$ 的Z反变换（|z|>3）。

3. 系统的单位脉冲响应 $h[k]$ 和系统函数 $H(z)$ 的零极点分布图

已知二阶离散时间系统为 $2y[k]+2y[k-1]+y[k-2]=f[k]+f[k-1]-f[k-2]$，求系统的零极点分布图和单位脉冲响应 $h[k]$（k=0～30），并判断系统是否稳定。

实验参考程序：

```
%程序：ch2prog6.m
clear
clc
num=[1 1 -1];
den=[2 2 1];
subplot(221);zplane(num,den);        %_____
k=0:30;
h=impz(num,den,k);                    %_____
subplot(222);plot(k,h);grid on;       %_____
xlabel('k');ylabel('h[k]');
```

利用 Z 变换分析系统特性，如图 2.3 所示。

实验内容：

（1）运行上述程序，并在%后的横线上填入注释，绘出结果波形。

（2）该系统的极点、零点分别是什么？该系统是否稳定？

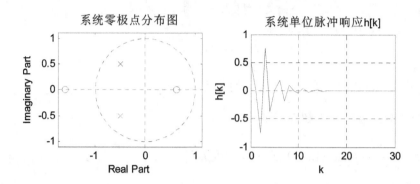

图 2.3　利用 Z 变换分析系统特性

4. 复频域求解离散时间系统的零状态响应

设某二阶离散时间系统为　$2y[k]+2y[k-1]+y[k-2]=f[k]+f[k-1]-f[k-2]$（$k=0\sim30$），设输入 $f[k]=u[k]$，从 Z 域求解零状态响应 $y_f[k]$。

实验内容：

（1）通过编程求 $f[k]$ 的 Z 变换 $F(z)$。

（2）手工计算 $H(z)$，再根据 $Y_f(z)=H(z)F(z)$ 计算 $Y_f(z)$。

（3）编程实现：用 residue 函数计算 $Y_f(z)$ 部分分式的系数，求 r、p、k，以及零状态响应 $y_f[k]=ZT^{-1}[F(z)]$。

（4）设程序名称为 ch1prog7.m，列出程序清单。

5. 利用 Z 变换分析系统的频域特性

设一线性因果系统为 $y(n)=0.9y(n-1)+x(n)+0.9x(n-1)$（$n=0\sim99$），求系统的幅频特性 $|H(e^{j\omega})|$ 及单位脉冲响应 $h(n)$，画出它们的波形图。

实验参考程序：

```
%ch2prog8.m
clear
clc
n=0:99;
N=256;
num=[1 0.9];
den=[1 -0.9];
[H,w]=freqz(num,den,N);  %_____
h=impz(num,den,100);     %_____
subplot(221);plot(w/pi,abs(H));grid on;
subplot(222);stem(n,h,'.');grid on;
```

实验内容：

（1）运行上述程序，并在%后的横线上填入注释，绘出结果波形。

（2）设 $x(n)=e^{j\omega_0 n}$（$\omega_0=\pi/3$），求系统的稳态响应 $y_f[n]$。

四、实验报告要求

1. 简述实验目的。
2. 预习实验原理。
3. 实验结果及分析。包括注明程序注释、画出实验运行结果波形、回答实验中提出的问题，如果有程序设计要求，那么请列出程序清单并简要叙述程序调试过程。

2.3　离散时间信号频域/复频域处理应用实例

一、实验原理

1. 数字振荡器、数字陷波器与数字谐振器

（1）数字振荡器

数字振荡器是指采用离散时间系统产生一个正弦信号，设该系统的单位脉冲响应为 $h(n)=\sin(\omega_k n)u(n)$，其系统函数为

$$H(z)=\frac{\sin(\omega_k)z^{-1}}{1-2\cos(\omega_k)z^{-1}+z^{-2}} \tag{2.1}$$

式中，$\omega_k=2\pi f_k/f_s$ 是数字频率（rad），f_k 是信号的频率（Hz），f_s 是采样频率（Hz）。

（2）数字陷波器

数字陷波器是一种简单的二阶 IIR 滤波器，其幅度响应在某一频率上为零，可用来消除某个频率分量，如滤除信号中由电源引起的 50Hz 工频干扰。其系统函数为

$$H(z)=\frac{1-(2\cos\omega_0)z^{-1}+z^{-2}}{1-(2r\cos\omega_0)z^{-1}+r^2 z^{-2}} \tag{2.2}$$

式中，$\omega_0=2\pi f_0/f_s$ 是陷波数字频率（rad），f_0 是陷波频率（Hz），f_s 是采样频率（Hz），r 是常数。

（3）数字谐振器

数字谐振器如同 LC 并联谐振回路一样，在指定的谐振频率上信号值达到最大，而在该频率之外信号值急剧衰减，适合做带通滤波器或语音合成器等。数字谐振器的系统函数为

$$H(z)=\frac{b_0}{1-(2r\cos\omega_0)z^{-1}+r^2 z^{-2}} \tag{2.3}$$

式中，$\omega_0=2\pi f_0/f_s$ 是谐振数字频率（rad），f_0 是谐振频率（Hz），f_s 是采样频率（Hz），r 是常数，$b_0=(1-r)\sqrt{1+r^2-2r\cos(2\omega_0)}$。

2. 梳状滤波器

梳状滤波器的幅频特性形似梳子，可作为陷波器来消除工频干扰及其谐波，在电视技术中用于进行亮/色分离，其系统函数为

$$H(z)=\frac{1-z^{-N}}{1-az^{-N}} \tag{2.4}$$

式中，N 是梳状滤波器要滤除的点频个数，a 是常数系数。

二、实验环境

1. 计算机 1 台。
2. Windows 7 或以上版本操作系统。
3. MATLAB 7.0 或以上版本软件。

三、实验参考与实验内容

1. 数字振荡器、数字陷波器与数字谐振器设计

1）实现一个数字振荡器 $h(n)=\sin(\omega_k n)$，其中 $\omega_k=2\pi f_k/f_s$，频率 $f_k=1000\text{Hz}$，采样频率 $f_s=10\text{kHz}$。设 $n=0\sim999$，由于该系统的系统函数为 $H(z)=\dfrac{\sin(\omega_k)z^{-1}}{1-2\cos(\omega_k)z^{-1}+z^{-2}}=\dfrac{Y(z)}{X(z)}$，$Y(z)[1-2\cos(\omega_k)z^{-1}+z^{-2}]=X(z)\sin(\omega_k)z^{-1}$，两边取 Z 反变换，得 $y(n)-2\cos(\omega_k)y(n-1)+y(n-2)=\sin(\omega_k)x(n-1)$，设输入 $x(n)=\delta(n)$，得到该系统单位脉冲响应对应的差分方程为

$$h(n)-2\cos(\omega_k)h(n-1)+h(n-2)=\sin(\omega_k)\delta(n-1)$$

实验参考程序：

```
%ch2prog9.m
clear
clc
N=100;
n=0:N-1;fk=1000;fs=10000;
wk=2*pi*fk/fs;                          %数字频率 wk
den=[1 -2*cos(wk) 1];
num=[0 sin(wk)];
h=impz(num,den,N);                      %系统单位脉冲响应 h(n)
subplot(221);stem(n,h,'.');grid on;
title('h(n)');                          %画 h(n)
subplot(222);zplane(num,den,N);
grid on;title('零极点分布图');          %画零极点图
```

数字振荡器的单位脉冲响应和零极点分布图如图 2.4 所示。

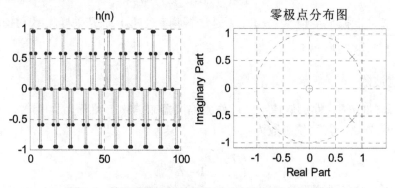

图 2.4　数字振荡器的单位脉冲响应和零极点分布图

实验内容:

(1) 运行该程序,画出系统的单位脉冲响应 $h(n)$。

(2) 画出系统的零极点分布图,极点处于单位圆内还是圆上还是圆外?

(3) 参考此程序,采用差分方程设计一个产生 DTMF 信号"2"的数字振荡器: $h(n)=\sin(\omega_{k1}n)+\sin(\omega_{k2}n)$,其中 $\omega_{k1}=2\pi f_{k1}/f_s$, $\omega_{k2}=2\pi f_{k2}/f_s$,频率 $f_{k1}=697\text{Hz}$, $f_{k2}=1336\text{Hz}$,采样频率 $f_s=8\text{kHz}$($n=0\sim799$)。列出程序清单,并画出 $h(n)$ 的波形。

2) 数字陷波器。实现一个数字陷波器,陷波频率 $f_0=50\text{Hz}$,采样频率 $f_s=600\text{Hz}$, $r=0.9$。

实验参考程序:

```
%ch2prog10.m
clear
clc
N=600;
n=0:N-1;
f0=50;fs=600;r=0.9;
w0=2*pi*f0/fs;
num=[1 -2*cos(w0) 1];           %_____
den=[1 -2*r*cos(w0) r*r];       %_____
[H,w]=freqz(num,den,N);         %_____
x=2*sin(2*pi*50/fs*n)+sin(2*pi*100/fs*n);
yf=filter(num,den,x);           %_____
subplot(221);plot(w/pi,abs(H));grid on;
subplot(222);plot(w/pi,angle(H));grid on;
subplot(223);zplane(num,den);grid on;
subplot(224);plot(yf);grid on;axis([0 200 -3 3]);
```

数字陷波器的波形如图 2.5 所示。

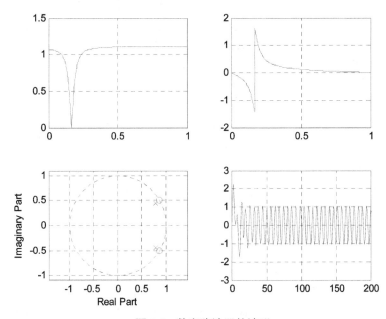

图 2.5　数字陷波器的波形

实验内容：

（1）运行此程序，在%后的横线上填入注释，编程实现：给绘图语句写上 4 个波形含义的标题。

（2）画出 $H(z)$ 的幅频特性和相频特性曲线。

（3）画出 $H(z)$ 的零极点分布图，体会陷波原理。

（4）利用该数字陷波器对信号 $x(n)=2\sin(2\pi\times50/f_s\times n)+\sin(2\pi\times100/f_s\times n)$（$n=0\sim599$）进行滤波，画出 $x(n)$ 及滤波输出 $y(n)$，问被滤除的是哪个频率的信号？

3）数字谐振器。编程实现以下功能，列出程序清单，程序名称为 ch2prog11.m。

（1）设谐振频率 $\omega_0=\pi/3$，$r=0.99$，画出 $H(z)$ 的幅频特性和相频特性曲线。

（2）画出 $H(z)$ 的零极点分布图，体会谐振原理。

（3）利用该数字谐振器对信号 $x(n)=2\sin(\pi/3\times n)+\sin(\pi/6\times n)$（$n=0\sim599$）进行滤波，画出 $x(n)$ 及输出 $y(n)$，问系统在哪个频率上产生谐振？

2．梳状滤波器设计

设计一个梳状滤波器，用于消除工频 50Hz 及其谐波 100Hz 干扰，设采样频率 $f_s=200$Hz，则 $f_1=50$Hz 对应的数字频率为 $\omega_1=2\pi f_1/f_s=0.5\pi$rad；$f_2=100$Hz 对应的数字频率为 $\omega_2=2\pi f_2/f_s=\pi$rad。梳状滤波器的零点频率为 $2\pi k/N$（$k=0\sim3$），由 $2\pi/N=\pi/2$ 得 $N=4$。常数系数 a 要尽量靠近 1，设 $a=0.9$。

实验参考程序：

```
%ch2prog12.m
clear
clc
N=600;
n=0:N-1;
N1=4;a=0.9;
num=[1 0 0 0 -1];              %_____
den=[1 0 0 0 -a];              %_____
[H,w]=freqz(num,den,N,'whole');    %_____
f1=50;f2=100;fs=200;
x=sin(2*pi*f1/fs*n)+sin(2*pi*f2/fs*n);
yf=filter(num,den,x);              %_____
subplot(221);plot(x);grid on;
title('x(n)');axis([0 200 -2 2]);
subplot(222);plot(w/pi,abs(H));grid on;title('梳状滤波器的幅频特性|H(ejw)|');
subplot(223);zplane(num,den);grid on;title('零极点分布图');
subplot(224);plot(yf);grid on;axis([0 600 -2 2]);title('y(n)');
```

梳状滤波器的波形如图 2.6 所示。

实验内容：

（1）运行此程序，在%后的横线上填入注释。

（2）画出 $H(z)$ 的幅频特性及零极点分布图，问系统有几个极点和零点？零点位置在哪里？

（3）利用该数字陷波器对工频及其谐波信号 $x(n)=\sin(2\pi\times50/f_s\times n)+\sin(2\pi\times100/f_s\times n)$ （$n=0\sim$

599）进行滤波，画出 $x(n)$ 及滤波输出 $y(n)$，问梳状滤波器是否可以消除这些干扰信号？

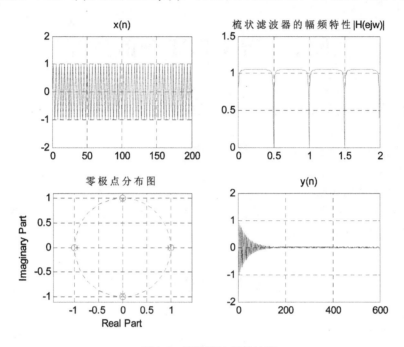

图 2.6   梳状滤波器的波形

四、实验要求

1. 简述实验目的。

2. 预习实验原理。

3. 实验结果及分析。包括注明程序注释、画出实验运行结果波形、回答实验中提出的问题，如果有程序设计要求，那么请列出程序清单并简要叙述程序调试过程。

实验 3　DFT/FFT 频谱分析

实验目的：本实验包括 3 个实验子项目，通过 MATLAB 编程仿真，掌握 DFT/FFT 频谱分析方法，包括以下内容。

1. 掌握 DFT 的基本原理、性质及其频谱分析方法。
2. 理解循环卷积及循环卷积定理。
3. 理解 FFT 算法的编程思想。
4. 熟练掌握利用 FFT 对信号进行频谱分析，包括正确地进行参数选择、画频谱及读频谱图。
5. 熟悉 DFT/FFT 频谱分析的应用实例。

3.1　离散傅里叶变换（DFT）

一、实验原理

1. 离散傅里叶变换（DFT）

设序列为 $x(n)$，长度为 M，则 $x(n)$ 的 N 点 DFT 为

$$X(k)=\text{DFT}[x(n)]=\sum_{n=0}^{N-1}x(n)W_N^{kn}\qquad(k=0,1,\cdots,N-1)$$

式中，$W_N=\dfrac{2\pi}{N}$ 是旋转因子；N 是 DFT 的变换区间（$N>M$）；$X(k)$ 是 $x(n)$ 的 N 点 DFT，即 $x(n)$ 的频谱。离散傅里叶反变换为

$$x(n)=\text{IDFT}[X(k)]=\frac{1}{N}\sum_{k=0}^{N-1}X(k)W_N^{-kn}\qquad(n=0,1,\cdots,N-1)$$

可用矩阵方式计算 DFT/IDFT，DFT 的矩阵公式为

$$\boldsymbol{X}=W_N^{kn}\cdot\boldsymbol{x}$$

式中，$\boldsymbol{X}=[\,X(0)\,X(1)\,X(2)\,\cdots\,X(N-1)]^{\mathrm{T}}$，是 $\boldsymbol{X}(k)$ 矩阵；$\boldsymbol{x}=[\,x(0)\,x(1)\,x(2)\,\cdots\,x(N-1)]^{\mathrm{T}}$，是 $\boldsymbol{x}(n)$ 矩阵；$\boldsymbol{k}=[\,k(0)\,k(1)\,k(2)\,\cdots\,k(N-1)]^{\mathrm{T}}$；$\boldsymbol{n}=[\,n(0)\,n(1)\,n(2)\,\cdots\,n(N-1)]$。

IDFT 的矩阵公式为

$$\boldsymbol{x}=\frac{1}{N}(W_N^{kn})^*\cdot\boldsymbol{X}$$

式中，*表示共轭。

2. DFT 的基本性质

（1）DFT 隐含周期性

$$X(k)=\text{DFT}[x(n)]=X(k+mN),\ x(n)=\text{IDFT}[X(k)]=x(n+mN)$$

式中，N 是 DFT 的变换区间。

（2）实数信号 DFT 的对称性

设 $x(n)$ 为实数信号，则在一个周期内，其幅频谱关于 $N/2$ 偶对称，相频谱关于 $N/2$ 奇对称，即

$$|X(k)|=|X(N-k)|, \quad \varphi(k)=-\varphi(N-k)$$

式中，$|X(k)|$ 是 $x(n)$ 的幅频谱，$|\varphi(k)|$ 是 $x(n)$ 的相频谱。

（3）离散帕斯瓦尔定理

$$\sum_{n=0}^{N-1}|x(n)|^2=\frac{1}{N}\sum_{k=0}^{N-1}|X(k)|^2$$

3. 循环卷积及循环卷积定理

（1）循环卷积

设有两个序列 $x(n)$（长度为 N）和 $h(n)$（长度为 M），则 $h(n)$ 与 $x(n)$ 的 L 点循环卷积 $y_c(n)$ 为

$$y_c(n)=x(n)\textcircled{L}h(n)=[\sum_{m=0}^{L-1}h(m)x(n-m)_L]R_L(n)$$

式中，$L>\max[N,M]$，是进行循环卷积的点数。

循环卷积的矩阵形式为

$$\begin{bmatrix} y_c(0) \\ y_c(1) \\ y_c(2) \\ \vdots \\ y_c(L-1) \end{bmatrix}=\begin{bmatrix} x(0) & x(L-1) & x(L-2) & \dots & x(1) \\ x(1) & x(0) & x(L-1) & \dots & x(2) \\ x(2) & x(1) & x(0) & \dots & x(3) \\ \vdots & \vdots & \vdots & \ddots & \vdots \\ x(L-1) & x(L-2) & x(L-3) & \dots & x(0) \end{bmatrix}\begin{bmatrix} h(0) \\ h(1) \\ h(2) \\ \vdots \\ h(L-1) \end{bmatrix}$$

若 $x(n)$ 或 $h(n)$ 的长度小于 L，则需在 $x(n)$ 或 $h(n)$ 的末尾补 0，使其长度等于 L。

（2）时域循环卷积定理

设 $y_c(n)=x(n)\textcircled{L}h(n)$，则 $Y_c(k)=DFT[y_c(n)]_L=H(k)X(k)$。其中，$X(k)=DFT[x(n)]_L$，$H(k)=DFT[h(n)]_L$。

二、实验环境

1. 计算机 1 台。

2. Windows 7 或以上版本操作系统。

3. MATLAB 7.0 或以上版本软件。

三、实验参考和实验内容

1. 离散傅里叶变换（DFT）

根据 DFT/IDFT 的矩阵形式设计程序,计算序列 $x(n)$ 的 N 点 DFT $X(k)$ 与 $X(k)$ 的 N 点 IDFT。

实验参考程序：

```
% DFT/IDFT 程序：DFTIDFT.m
clc
clear
```

```
xn=input('x(n)= ');              %输入序列 x(n)
M=length(xn);                    %x(n)的长度 M
N=input('变换区间 N=');          %变换区间 N
xn=[xn zeros(1,N-M)];            %补 0,使 xn 的长度为 N
xn=xn';
n=0:N-1;k=0:N-1;
kn=k'*n;
wn=exp(-j*2*pi/N);               %旋转因子 wn
wnK=wn.^kn;
xk=wnK*xn;                       %x(n)的 DFT:xk
x1=1/N*conj(wnK)*xk              %xk 的 IDFT:x1
subplot(211);stem(k,abs(xk),'.');grid on;   %画 xk 的幅频谱（离散曲线）
subplot(212);plot(k,abs(xk));grid on;       %显示 xk 的幅频谱（连续曲线）
```

实验内容:

（1）运行此程序，在命令窗口输入 x=[1 1 1 1]和 N=4，得到矩形信号 $x(n)=R_4(n)$ 的 4 点 DFT，画出其幅频谱的离散曲线和连续曲线。在命令窗口中读取 $X(k)$ 的 N 点 IDFT x1，x1 是否与原信号一致？

（2）修改 $N=16$、64、256，重新运行程序，画出各自的幅频谱曲线，可得出什么结论？

（3）修改此程序，分别计算下列输入信号的 N 点 DFT，列出程序清单，画出幅频谱波形。

  ① $x(n)=1$（$N=256$）；

  ② $x(n)=\delta(n)$（$N=256$）；

  ③ $x(n)=\cos(\omega_0 n)u(n)$（$\omega_0=\pi/4$，$N=256$）。

（4）观察（3）中的波形，回答:

  ① 常数 1 的 DFT 是什么？

  ② $\delta(n)$ 的 DFT 是什么？

  ③ $\cos(\omega_0 n)u(n)$ 的 DFT 中，峰值对应的横坐标 k_1 和 k_2 是多少？它们分别对应的数字频率 ω_1 和 ω_2 是多少？其中 ω_2 与 ω_1 之间有何联系？

2．DFT 的基本性质

1）DFT 隐含的周期性与实数信号 DFT 的对称性

设序列为 $x(n)=a^n u(n)$（$a=0.9$），求 $x(n)$ 的 N 点 DFT $X(k)$，画出其幅频谱 $|X(k)|$ 和相频谱 $\varphi(k)$。为了观察 DFT 隐含的周期性，设 DFT 点数 $N=64$，$k=-2N\sim 2N$。

实验参考程序:

```
%ch3prog1.m (主程序)
clear
clc
a=0.9;
n=0:63;
x=a.^n;            %序列 x(n)
N=64;              %做 DFT 的点数 N
X=DFT1(x,N);       %调用 DFT1 子函数,对 x(n)做 N 点 DFT,k=-2N~2N-1
k=0:4*N-1;
```

```
subplot(221); stem(k,abs(X),'.');grid on;    %画 x(n) 的幅频谱
title('x(n)的幅频谱|X(k)|');xlabel('k');ylabel('|X(k)|');
subplot(222);stem(k,angle(X),'.');grid on;   %画 x(n) 的相频谱
title('x(n)的相频谱φ(k)');xlabel('k');ylabel('φ(k)');
%子函数:DFT1.m
function X=DFT1(x,M)
N=length(x);                          %N 为 x 的长度
n=0:N-1;
%%%%
for k=-2*M:2*M-1                      %对 x 做 M 点 DFT,k=-2M:2M-1
    X(k+1+2*M)=sum(x.*exp(-j*2*pi/N*k*n));
end
```

DFT 隐含的周期性及对称性如图 3.1 所示。

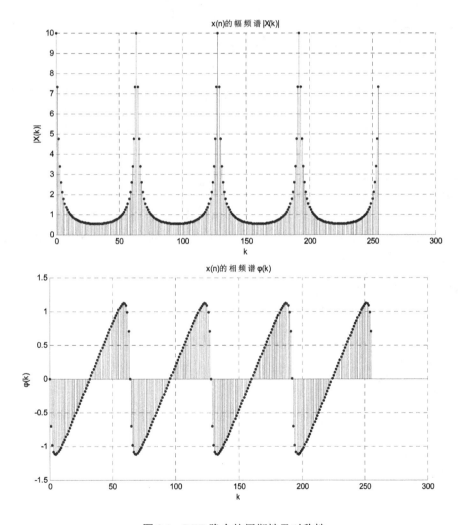

图 3.1　DFT 隐含的周期性及对称性

实验内容:

(1) 运行此程序,画出序列 $x(n)$ 的 N 点 DFT 的幅频谱 $|X(k)|$ 和相频谱 $\varphi(k)$。

(2) 观察幅频谱和相频谱,问:波形周期是多少?在一个周期内,幅频谱关于对称中心____(偶/奇)对称,相频谱关于对称中心____(偶/奇)对称。

2) 离散帕斯瓦尔定理

设序列 $x(n)=\{1,2,3,4,3,2,1\}$,$X(k)=DFT[x(n)]$,求 $\sum\limits_{n=0}^{N-1}|x(n)|^2$ 与 $\dfrac{1}{N}\sum\limits_{k=0}^{N-1}|X(k)|^2$。

实验参考程序:

```
%ch3prog2.m
clear
clc
xn=[1 2 3 4 3 2 1];              %_____
M=length(xn);                    %_____
N=64;                            %_____
xn=[xn zeros(1,N-M)];
Ex=sum(abs(xn).*abs(xn))         %信号在时域中的总能量 Ex
n=0:N-1;k=0:N-1;
xn=xn';
kn=k'*n;
wn=exp(-j*2*pi/N);
wnK=wn.^kn;
xk=wnK*xn;                       %_____
Ek=sum(abs(xk).*abs(xk))/N       %_____
```

实验内容:

(1) 在%后的横线上填入注释,补充程序中的绘图语句,画 xn 及其幅频谱。

(2) 运行此程序,在命令窗口下读取 Ex 与 Ek 的值,问信号在时域中的总能量 Ex 是否等于其在频域中的总能量 Ek?

3. 循环卷积及循环卷积定理

1) 循环卷积

设序列 $h(n)=\{1,1,1,0\}$,$x(n)=\{1,4,3,2\}$,求 $h(n)$ 与 $x(n)$ 的 N 点循环卷积。

实验参考程序:

```
%ch3prog3.m 循环卷积 (主程序)
clear
clc
x=[1,4,3,2];          %序列 x(n)
Nx=length(x);
h=[1,1,1,0];          %序列 h(n)
Nh=length(h);
N=4;                  %循环卷积的点数
y=circonvt(x,h,N)     %调用 circonvt 函数计算 x 与 h 的 N 点循环卷积
subplot(221);stem(0:Nx-1,x);grid on;title('x(n)');%画 x(n)
```

```
subplot(222);stem(0:Nh-1,h);grid on;title('h(n)');%画 h(n)
subplot(212);stem(0:N-1,y);grid on;
title('x(n)与 h(n)的 N 点循环卷积 y(n)');        %画 y(n)
```

`function y=circonvt(x1,x2,N)`	%循环卷积(子函数 1)

```
x1=[x1 zeros(1,N-length(x1))];          %将序列 x1 补零, 使其长度为 N
x2=[x2 zeros(1,N-length(x2))];          %将序列 x2 补零, 使其长度为 N
m=0:N-1;
x2=x2(mod(-m,N)+1);                     %计算 x2((-m))N
H=zeros(N,N);                          %循环卷积矩阵初始化
for n=1:N
    H(n,:)=cirshft(x2,n-1,N);
%调用循环移位子函数计算循环卷积矩阵的第 n 行,即计算 x2((n-m))N
end
y=x1*H';                              %计算 x1 与 x2 的循环卷积
```

`function y=cirshft(x,m,N)`	%循环移位(子函数 2)

```
x=[x zeros(1,N-length(x))];          %将序列 x 补零, 使其长度为 N
n=0:N-1;
n=mod(n-m,N);
y=x(n+1);                           %计算 x 的 N 点循环移位 y=x((n-m))N
```

序列的循环卷积如图 3.2 所示。

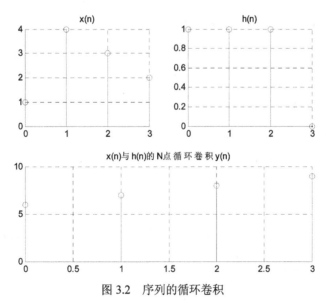

图 3.2　序列的循环卷积

实验内容:

(1) 运行此程序,画出 x(n)、h(n)及其 4 点循环卷积 y(n)的波形,问 y(n)是多少?

(2) 修改 N,在命令窗口观察 y(n)值的变化,问当 N 大于或等于多少时,y(n)的值不再改变,只是多了一些零点?此时 y(n)是多少?

2）循环卷积定理

设序列 $h(n)=\{1,1,1,0,0,0\}$，$x(n)=\{1,2,3,2,0,0\}$，$N=6$，在频域使用 DFT 计算 $h(n)$ 与 $x(n)$的 N 点循环卷积 $y(n)$。

实验参考程序：

```
%ch3prog4.m
clear
clc
h=[1,1,1,0,0,0];
x=[1,2,3,2,0,0];
N=6;
X=DFT(x,N);              %_____
H=DFT(h,N);              %_____
Y=X.*H;                  %_____
y=IDFT(Y,N)              %_____
%%%%%
y1=circonvt(h,x,N)  %_____
subplot(221);stem(0:N-1,x);grid on;title('x(n)');
subplot(222);stem(0:N-1,h);grid on;title('h(n)');
subplot(223);stem(0:N-1,abs(Y));grid on;title('|Y(k)|');
subplot(224);stem(0:N-1,y);grid on;title('循环卷积y(n)=IDFT[X(k)H(k)]');
```
%DFT.m（子函数1）
```
function X=DFT(x,N)
n=0:N-1;
for k=0:N-1              %对 x 做 N 点 DFT
    X(k+1)=sum(x.*exp(-j*2*pi/N*k*n));
end
```
%IDFT.m（子函数2）
```
function x1=IDFT(X,N)
k=0:N-1;
for n=0:N-1             %对 X 做 N 点 IDFT
    x1(n+1)=sum(X.*exp(j*2*pi/N*k*n));
end
x1=x1/N;
```

实验内容：

（1）运行此程序，画出 $x(n)$、$h(n)$、$y(n)$ 及幅频谱$|Y(k)|$的波形，问 $y(n)=\text{IDFT}[X(k)H(k)]$是多少？

（2）直接调用循环卷积函数 circonvt，计算 $x(n)$ 与 $h(n)$ 的循环卷积 $y_1(n)$，$y_1(n)$是多少？

（3）比较 $y(n)$ 及 $y_1(n)$的值，验证循环卷积定理。

四、实验要求

1. 简述实验目的。
2. 预习实验原理。

3. 实验结果及分析。包括注明程序注释、画出实验运行结果波形、回答实验中提出的问题，如果有程序设计要求，那么请列出程序清单并简要叙述程序调试过程。

3.2 快速傅里叶变换（FFT）

一、实验原理

1. 快速傅里叶变换（FFT）

快速傅里叶变换（FFT）是 DFT 的一种快速算法，其中，基 2 时域抽取 FFT 算法（DIT-FFT）的基本思想是：将原来的 N（$N=2^E$，E 为整数）点序列按奇偶分解为两个有 $N/2$ 项的离散信号，依次分解下去，最终以两点为一组序列，并将这些序列的 DFT 通过蝶形运算组合起来，得到原序列的 DFT，如图 3.3 所示。N 点 FFT 仅需 $\frac{N}{2}\log_2 N$ 次复数乘法和 $N\log_2 N$ 次复数加法，使 DFT 的运算速度大幅提升。

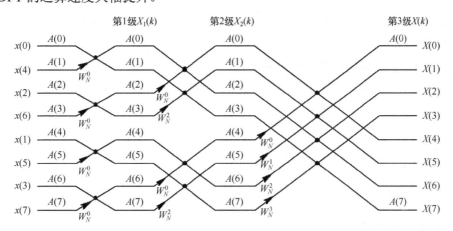

图 3.3 FFT 蝶形运算流图（$N=8$）

2. FFT 频谱分析的参数选择

（1）设信号 $x(t)$ 的最高频率为 f_c，对其进行采样得 $x(n)$，根据采样定理，采样频率 f_s 必须满足 $f_s \geqslant 2f_c$。

（2）设谱分辨率为 F，则最小记录时间 $t_{pmin}=1/F$。采样点数 $N \geqslant 2f_c/F$，为使用快速傅里叶变换（FFT）进行谱分析，N 还须满足 $N=2^E$（E 为整数）。

3. 读频谱图

频谱图中的任意频率点 k 对应的实际频率为 $f_k=kf_s/N$，其中，f_s 是采样频率，N 是做 FFT 的点数。

4. DFT/FFT 谱分析引起的误差

在对离散信号 $x(n)$ 进行 DFT/FFT 时，由于对 $x(n)$ 进行了截断，即 $y(n)=x(n)R_N(n)$，其中，

N 是矩形信号的长度，且截取的不是 $x(n)$ 整数周期的倍数，因此引起的误差及其解决方法如下。

1）截断效应。

（1）频谱泄漏：序列 $x(n)$ 经截断后，原谱线向附近展宽，使频谱模糊，谱分辨率降低。可增大 N（采样点数），以增大谱分辨率 F。

（2）谱间干扰：序列 $x(n)$ 经截断后，其频谱在主谱线周围形成旁瓣，使得不同频谱分量间产生干扰，强旁瓣会掩盖弱信号的主瓣。

2）截断效应的改善方式：加窗处理 $x_1(n)=y(n)w(n)$，其中，$w(n)$ 是窗函数（如汉宁窗、哈明窗等）。加窗处理可减小谱间干扰（旁瓣），但同时也会使主瓣展宽。

5. 本实验涉及的 MATLAB 函数

（1）对信号 $x(n)$ 做 N 点 FFT，得频谱 $X(k)$（$k=0\sim N-1$）。

MATLAB 语句：Y=fft(x,N)，其中，x 是 $x(n)$，Y 是 $X(k)$。

（2）幅频谱 $|X(k)|$，若 $x(n)$ 为实信号，则在一个周期内，$|X(k)|$ 关于 $N/2$ 偶对称。

MATLAB 语句：abs(Y)。

相频谱 $\varphi(k)$，若 $x(n)$ 为实信号，则在一个周期内，$\varphi(k)$ 关于 $N/2$ 奇对称。

MATLAB 语句：angle(Y)。

（3）功率谱：$PSD(k)=|X(k)|^2/N=X(k)X^*(k)/N$。

MATLAB 语句：PSD=Y.*conj(Y)/N，其中，conj(Y) 是 $X^*(k)$（$X(k)$ 的共轭）。

二、实验环境

1. 计算机 1 台。
2. Windows 7 或以上版本操作系统。
3. MATLAB 7.0 或以上版本软件。

三、实验参考和实验内容

1. DIT-FFT 算法

实验参考程序：

```
%程序 DIT.m
clear
clc
x=input('x= ');                          %_____
N=input('N= ');                          %_____
x(length(x)+1:N)=zeros(1,N-length(x));   %对 x(n)补零,使 x(n)的长度为 N
l=log2(N);
x1=zeros(1,N);                           %序列 x(n)的 N 点 FFT 存放于 x1,将 x1 初始化
for j1=1:N                               %x(n)倒序
  x1(j1)=x(bin2dec(fliplr(dec2bin(j1-1,l)))+1);
end
%%%%%%%%%                                %DIT-FFT 中的蝶形运算
```

```
M=2;                                    %本级蝶形运算时,一个群中信号的点数
while(M<=N)                              %当 M<=N 时,进行循环
  W=exp(-2*j*pi/M);                      %旋转因子 W
  V=1;                                   %V 是本级中的旋转因子,初始化为 1
  for k=0:1:M/2-1                        %本级蝶形运算
    for i=0:M:N-1                        %本级中对应旋转因子 V 的所有运算
      p=k+i;
      q=p+M/2;
      A=x1(p+1);
      B=x1(q+1)*V;
      x1(p+1)=A+B;
      x1(q+1)=A-B;
    end
V=V*W;                                   %迭代:旋转因子 V=V*W
  end
M=2*M;                                   %迭代:M=2*M
end
%%%%%%%
subplot(211);stem(x,'.');grid on;        %_____
title('x(n)');                           %_____
subplot(212);stem(abs(x1),'.');grid on;  %_____
title('|X(k)|');                         %_____
```

DIT-FFT 算法波形如图 3.4 所示。

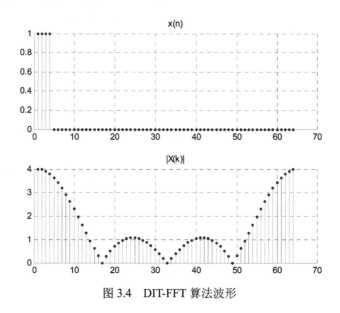

图 3.4　DIT-FFT 算法波形

实验内容:

(1) 体会 DIT-FFT 算法的原理, 在%后的横线上填入注释。

(2) 运行此程序, 输入矩形序列 x=[1 1 1 1], 分别取做 FFT 的点数为 N=4、16、64, 绘出信号 x(n) 及其幅频谱|X(k)|。

（3）修改此程序，编程实现：求 $x(n)=\cos(\pi n/4)u(n)$（$n=0\sim127$）的 N 点（$N=128$）FFT，画出信号 $x(n)$ 及其幅频谱 $|X(k)|$，在 $k=0\sim N/2-1$ 范围内，当 k 是多少时出现一根谱线？k 对应的数字频率 ω_k 是多少？$|X(k)|$ 在该点上的幅度是多少？该幅度与 N 有何关系？（可修改 N 的值验证你的结论。）

2．FFT 频谱分析

设信号为 $x(t)=\sin(2\pi f_1 t)+\sin(2\pi f_2)t+$ 随机噪声，$f_1=50\text{Hz}$，$f_2=120\text{Hz}$，以采样频率 $f_s=1\text{kHz}$ 对 $x(t)$ 进行采样，样本长度 $t_p=0.25\text{s}$，对 $x(t)$ 进行采样得 $x(n)$。对 $x(n)$ 做 256 点 FFT 得频谱 $X(k)$，画原信号 $x(n)$、幅频谱 $|X(k)|$ 及功率谱 $\text{PSD}(k)$，对信号进行 FFT 频谱分析。

实验参考程序：

```
%ch3prog5.m
clear
clc
fs=1000;
t=0:1/fs:0.25;                        %_____
N=256;                                %_____
f1=50;f2=120;                         %_____
s=sin(2*pi*f1*t)+sin(2*pi*f2*t);      %_____
x=s+randn(size(t));                   %信号+噪声 x(n)
Y=fft(x,N);                           %_____
PSD=Y.*conj(Y)/N;                     %_____
f=fs/N*(0:N/2-1);                     %_____
subplot(311);plot(x);                 %_____
subplot(312);plot(f,abs(Y(1:N/2)));   %_____
subplot(313);plot(f,PSD(1:N/2));      %_____
```

FFT 频谱分析如图 3.5 所示。

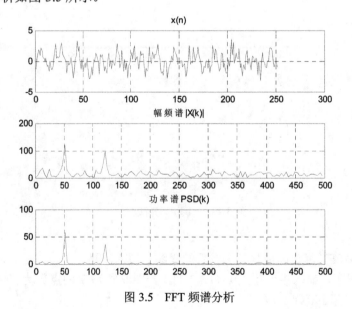

图 3.5　FFT 频谱分析

实验内容：

（1）运行此程序，画出图形窗口显示的图形，并在程序中添加语句，用以标明每个图形的标题。

（2）回答下列问题。

　　① 观察幅频谱图可以发现，信号 $x(n)$ 含有的两个频率分量分别是_____Hz 和_____Hz。

　　② 在该程序中的"f=fs/N*(0:N/2-1);"下添加"k=0:N/2-1;"，将"plot(f,abs(Y(1:N/2)));"改为"plot(k,abs(Y(1:N/2)));"，重新运行该程序并观察幅频谱图，图中两峰值对应的下标分别是_____和_____，它们的含义为_____。

　　③ 再将该程序中的 N 改为 512，重新运行该程序并观察幅频谱图，这时图中两峰值对应的下标分别是_____和_____。结果是否和上面相同？为什么？

　　④ 本例的谱分辨率 F 是_____Hz，改变 f_2=60Hz，问在幅频谱中，能否分辨 f_1 和 f_2 对应的频率分量？为什么？

　　⑤ 改变 f_2=52Hz，在幅频谱中，能否分辨 f_1 和 f_2 对应的频率分量？为什么？

　　⑥ 改变 f_2=600Hz，在幅频谱中，f_2 对应的频率分量出现在_____Hz。在 f_s=1000Hz 的情况下，能否正确检测 f_2 对应的频率分量？为什么？为了正确检测 f_2 对应的频率分量，f_s 至少应取多少？在该程序中改变 f_s，验证你的结论。

　　⑦ 比较幅频谱和功率谱，可以发现功率谱具有_____的特性。

3．DFT/FFT 谱分析的误差及改善方法

1）截断效应

设信号 $x(t)$=cos($2\pi f_0 t$)，f_0=1kHz，采样频率 f_s=6kHz，采样点数 N 可在命令窗口中输入，采用 FFT 分析其频谱。

实验参考程序：

```
%ch3prog6.m
clear
clc
f0=1000;fs=6000;              %_____
N=input('采样点数 N=');        %_____
n=0:N-1;
x=cos(2*pi*f0/fs*n);          %_____
X=fft(x,N);                   %_____
f=fs/N*(0:N/2-1);             %_____
subplot(221);stem(n,x,'.');title('x(n)'); grid on;
subplot(222);stem(0:N/2-1,abs(X(1:N/2)),'.');title('幅频谱|X(k)|');grid on;
subplot(223);stem(f,abs(X(1:N/2)),'.');title('幅频谱|X(f)|');grid on;
```

截断效应的波形如图 3.6 所示。

实验内容：

（1）在%后的横线上填入注释。

（2）运行此程序，在命令窗口中输入 N=6，画出 $x(n)$ 及其幅频谱|$X(k)$|和|$X(f)$|，问此时在幅频谱峰值的最大处，k 和 f 是多少？f 是否等于 f_0？

（3）运行此程序，在命令窗口中输入 $N=9$，画出 $x(n)$ 及其幅频谱 $|X(k)|$ 和 $|X(f)|$，问此时在幅频谱峰值的最大处，k 和 f 是多少？f 是否等于 f_0？此时频谱出现了什么现象？为什么？

（4）运行此程序，在命令窗口中输入 $N=45$，画出 $x(n)$ 及其幅频谱 $|X(k)|$ 和 $|X(f)|$，问此时在幅频谱峰值的最大处，k 和 f 是多少？N 增大时，频谱泄漏现象是否有所改善？

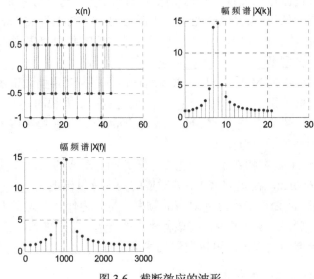

图 3.6　截断效应的波形

2）加窗处理

对 $x(n)$ 进行加窗处理，编程实现：设窗函数是汉宁窗，$w(n)=0.5-0.5\cos(2\pi n/N)$（$n=0\sim N-1$），$x_1(n)=x(n)w(n)$，画出 $x_1(n)$ 及其幅频谱 $|X_1(k)|$ 和 $|X_1(f)|$，问此时 $|X_1(k)|$ 的旁瓣相比 $|X(k)|$ 的旁瓣出现了什么变化？

四、实验要求

1. 简述实验目的。
2. 预习实验原理。
3. 实验结果及分析。包括注明程序注释、画出实验运行结果波形、回答实验中提出的问题，如果有程序设计要求，那么请列出程序清单并简要叙述程序调试过程。

3.3　DFT/FFT 频谱分析应用实例

一、实验原理

1. 用 FFT 实现快速的线性卷积运算

用 FFT 快速实现两个序列的线性卷积 $y(n)=x(n)*h(n)$ 的步骤如下。

（1）设 $x(n)$ 及 $h(n)$ 的长度分别为 N_1 和 N_2，为使循环卷积等于线性卷积，用补零的方法使 $x(n)$、$h(n)$ 的长度均为 N，则 N 须满足 $N \geqslant N_1+N_2-1$。为了可使用 FFT 计算 DFT，N 还须满足 $N=2^E$（E 为整数）。

（2）用 FFT 计算 $x(n)$ 及 $h(n)$ 的 N 点 DFT，即 $X(k)=DFT[x(n)]$、$H(k)=DFT[h(n)]$。

（3）由 DFT 的循环卷积定理可知，$Y(k)=X(k)H(k)$，$y(n)=IDFT[Y(k)]=x(n)*h(n)$。

2. 利用 FFT 对音乐信号进行消噪

音乐信号通常会受到各种噪声（如啸叫噪声、随机噪声、工频干扰等）的干扰，使人无法听清音乐信号的旋律，采用 FFT 频谱分析方法可对音乐信号中的啸叫噪声进行消除。

（1）采用适当参数对信号 $x(n)$ 进行 FFT 频谱分析，得其频谱 $X(k)$，画幅频谱 $|X(k)|$（或功率谱 $PSD(k)$），检测音乐信号和啸叫噪声的频带范围。

（2）利用置零法对频谱进行修正，去除噪声频段，得修正后的频谱 $Y(k)$。

（3）将修正后的频谱 $Y(k)$ 经傅里叶反变换，得到消噪后的音乐信号 $y(n)=IDFT[Y(k)]$。

3. 利用 FFT 检测太阳黑子的周期性

太阳黑子是出现在太阳大气底层（光球层）上的巨大气流旋涡，是太阳活动最明显的标志之一。通过 FFT 频谱分析测量太阳黑子出现的周期，可为卫星通信及电力供应等部门预报黑子活动对电离层影响的程度，以便做好防护准备。

二、实验环境

1. 计算机 1 台。
2. Windows 7 或以上版本操作系统。
3. MATLAB 7.0 或以上版本软件。

三、实验参考和实验内容

1. 用 FFT 实现快速的线性卷积运算

实验参考程序：

```
%ch3prog7.m
clear
clc
x1=input('x1=');x2=input('x2=');        %_____
N1=length(x1);N2=length(x2);            %序列 x1(n),x2(n)的长度
E=ceil(log2(N1+N2-1));                   %ceil 表示向∞方向取整
N=2^E;                                    %_____
x1=[x1,zeros(1,N-N1)];                    %_____
x2=[x2,zeros(1,N-N2)];
X1=fft(x1,N);                             %_____
X2=fft(x2,N);
Y=X1.*X2;                                 %_____
y=ifft(Y,N)                               %_____
```

实验内容：

（1）在%后的横线上填入注释，运行此程序。

（2）在 MATLAB 的命令窗口中输入 x1=[1 1 1]、x2=[1 2]，则用 FFT 计算线性卷积的结

果 y 是多少？

（3）在程序中添加直接计算 x1 与 x2 线性卷积的语句，设 y1=x1*x2，问 y1 与 y 是否一致？

2. 利用 FFT 频谱分析观察太阳黑子的周期性

以 100 年中记录到的太阳黑子出现的次数为信号 $x(n)$，对 $x(n)$ 做功率谱，从中观察太阳黑子的周期性。

实验参考程序：

```
%ch3prog8.m
clear
clc
x=[101 82 66 35 31 7 20 92 154 125 85 68 38 23 10 24 83 ...
 132 131 118 90 67 60 47 41 21 16 6 4 7 14 34 45 43 48 ...
 42 28 10 8 2 0 1 5 12 14 35 46 41 30 24 16 7 4 2 8 ...
 17 36 50 62 67 71 48 28 8 13 57 122 138 103 86 63 37 24 ...
 11 15 40 62 98 124 96 66 64 54 39 21 7 4 23 55 94 96 ...
 77 59 44 47 30 16 7 37 74];% 100 年中太阳黑子出现的次数
subplot(211);plot(x)                 %画 x(n)
N=128;  fs=1;                        %fs=1Hz,N=128 点
s=x-mean(x);                         %对 x 做零均值化处理（去除直流分量）
Y=_____;                    %对 s 做 N 点 FFT
PSD=_____;                  %做功率谱 PSD
f=_____;                    %将频率定标为实际频率 f
subplot(212);_____;         %画功率谱（N/2 点）
```

通过 FFT 频谱分析观察太阳黑子的周期性如图 3.7 所示。

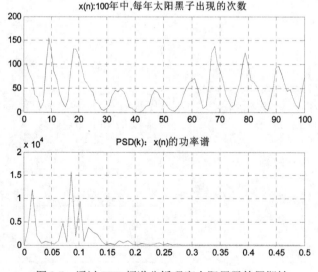

图 3.7 通过 FFT 频谱分析观察太阳黑子的周期性

实验内容：

（1）根据注释中的要求编写空格中的画图程序语句，并绘出结果图形。

（2）从 s 的功率谱中观察到，其幅度最高处对应的横坐标 $f=$ ＿＿＿Hz，则太阳黑子约每隔＿＿＿年出现一次最高峰。

（3）在对 s 做 FFT 时，为什么取 $f_s=1$Hz、$N=128$ 点？

3．利用 FFT 对音乐信号进行消噪

文件"yinyue.wav"中的数据是含有啸叫噪声的音乐信号 $x(n)$，首先对其进行 FFT 频谱分析，得 $X(k)=\text{DFT}[x(n)]$，观察信号和噪声的频带范围，再通过置零法去除其中的噪声频段，将经过修正后的频谱 $Y(k)$ 进行反变换，得到消噪后的音乐信号 $y(n)$，将结果存入音乐文件"yinyuexiaozao.wav"，并用耳机监听消噪前后的音乐信号。

实验参考程序：

```
%ch3prog9.m
clear
clc
x=wavread('yinyue.wav');          %读入含噪音乐信号 x(n)
Nx=length(x);
fs=8192;
N=81920;                          %做 FFT 的点数
sound(x)                          %播放 x(n) 的声音
pause(2)                          %暂停 2s
x=x*6;
X=fft(x,N);                       %_____
PSD=X.*conj(X)/N;                 %_____
f=fs/N*(0:N-1);                   %_____
k=0:N-1;
%%%%置零法消除频段内的噪声%%%%%
X(38000:44000)=0;                 %_____
y=ifft(X,N);                      %_____
%%%绘图%%%
figure(1)
subplot(221);plot(x);grid on;
subplot(222);plot(f,PSD);axis([0 10000 0 500]);grid on;
subplot(223);plot(k,PSD);axis([0 100000 0 500]);grid on;
subplot(224);plot(real(y(1:Nx)));grid on;
sound(real(y),fs)                 %播放 y
```

实验内容：

（1）在%后的横线上填入注释，运行此程序，画出 $x(n)$、$x(n)$ 的功率谱 $PSD(f)$ 及 $PSD(k)$。

（2）问音乐信号及啸叫噪声频带各在什么频率范围内？其中，啸叫噪声频带对应的 k 在什么范围内？体会用置零法消除噪声的原理。

（3）画出经过 FFT 谱分析及置零法消噪后的音乐信号 $y(n)$ 的波形。

（4）监听消噪前后的音乐信号，啸叫噪声是否消除了？在 Windows Media 等音乐播放器中打开消噪前后的音乐信号文件，播放这两个音乐信号。

四、实验要求

1. 简述实验目的。

2. 预习实验原理。

3. 实验结果及分析。包括注明程序注释、画出实验运行结果波形、回答实验中提出的问题，如果有程序设计要求，那么请列出程序清单并简要叙述程序调试过程。

实验 4　数字滤波器的结构实现

实验目的： 本实验包含两个实验子项目，通过 MATLAB 编程仿真，掌握 IIR/FIR 数字滤波器的基本结构及其实现方法。

1. 掌握 IIR 数字滤波器的直接型、级联型及并联型结构及实现方法。
2. 掌握 FIR 数字滤波器的直接型、级联型及频率采样型结构及实现方法。

4.1　IIR 数字滤波器的结构实现

一、实验原理

1. 无限脉冲响应（IIR）数字滤波器的直接型结构

N 阶 IIR 数字滤波器的系统函数为

$$H(z) = \frac{\sum_{i=0}^{M} b_i z^{-i}}{1 + \sum_{i=0}^{N} a_i z^{-i}} \tag{4.1}$$

式中，a_i（$i=0\sim N$）和 b_i（$i=0\sim M$）是常数系数。求直接型结构系统的输出可使用 MATLAB 函数 y=filter(b,a,x)，其中，x 是输入信号，y 是输出信号，b、a 是 $H(z)$ 分子/分母多项式的系数

$$\boldsymbol{b}=[b_0\ b_1\ b_2\cdots b_M],\quad \boldsymbol{a}=[1\ a_1\ a_2\cdots a_N]$$

2. IIR 数字滤波器的级联型结构

二阶基本级联型结构的 IIR 数字滤波器的系统函数为

$$H(z) = \prod_{i=1}^{L} \frac{b_{0i} + b_{1i}z^{-1} + b_{2i}z^{-2}}{1 + a_{1i}z^{-1} + a_{2i}z^{-2}} \tag{4.2}$$

（1）直接型结构转换为二阶基本级联型结构

MATLAB 函数 sos=tf2sos(b,a)，其中，sos 是级联型结构二次分式的系数，b、a 是直接型结构 $H(z)$ 分子/分母多项式的系数。

$$\text{sos} = \begin{bmatrix} b_{01} & b_{11} & b_{21} & 1 & a_{11} & a_{21} \\ b_{02} & b_{12} & b_{22} & 1 & a_{12} & a_{22} \\ \vdots & \vdots & \vdots & \vdots & \vdots & \vdots \\ b_{0L} & b_{1L} & b_{2L} & 1 & a_{1L} & a_{2L} \end{bmatrix}$$

（2）计算级联型结构的输出 $y(n)$

MATLAB 函数 y= sosfilt(sos,x)，其中，sos 是级联型结构二次分式的系数，x 是系统的输入信号，y 是系统的输出信号。

3. IIR 数字滤波器的并联型结构

$$H(z) = k + \sum_{i=1}^{M} \frac{r_i}{1 - p_i z^{-1}} \tag{4.3}$$

直接型结构转换为并联型结构的 MATLAB 函数为[r,p,k]=residuez(b,a)，其中，b、a 是 $H(z)$ 分子/分母多项式的系数，r 是部分分式系数向量，p 是极点向量，k 是多项式系数向量。

二、实验环境

1. 计算机 1 台。
2. Windows 7 或以上版本操作系统。
3. MATLAB 7.0 或以上版本软件。

三、实验参考和实验内容

1. IIR 数字滤波器的直接型结构实现

设某系统的系统函数 $H(z) = \dfrac{8 - 4z^{-1} + 11z^{-2} - 2z^{-3}}{1 - \dfrac{5}{4}z^{-1} + \dfrac{3}{4}z^{-2} - \dfrac{1}{8}z^{-3}}$，求系统单位脉冲响应 $h(n)$ 及零极点分布图。

实验参考程序：

```
%ch4prog1.m
clear
clc
N=100;
x=[1 zeros(1,N-1)]; %输入 x(n)=δ(n)
b=[8 -4 11 -2];        %H(z)分子多项式系数 b
a=[1 -5/4 3/4 -1/8];%H(z)分母多项式系数 a
h=filter(b,a,x);       %求系统单位脉冲响应 h(n)
subplot(221);stem(h,'.');grid on;title('h(n)');              %画 h(n)
subplot(222);zplane(b,a,N);grid on;title('H(z)零极点分布图');   %画零极点分布图
```

IIR 数字滤波器的直接型结构实现如图 4.1 所示。

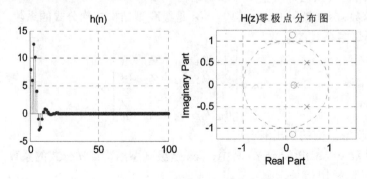

图 4.1　IIR 数字滤波器的直接型结构实现

实验内容：

（1）运行此程序，画出 $h(n)$ 及 $H(z)$ 的零极点分布图。

（2）观察零极点分布图，问系统的极点 d_1、d_2、d_3 是多少？零点 c_1、c_2、c_3 是多少？

2. IIR 数字滤波器的级联型结构实现

设某系统的系统函数 $H(z)=\dfrac{8-4z^{-1}+11z^{-2}-2z^{-3}}{1-\dfrac{5}{4}z^{-1}+\dfrac{3}{4}z^{-2}-\dfrac{1}{8}z^{-3}}$，将它转换为级联型结构。

实验参考程序：

```
%ch4prog2.m
clear
clc
N=100;
x=[1 zeros(1,N-1)];      %输入 x(n)=δ(n)
b=[8 -4 11 -2];          %_____
a=[1 -5/4 3/4 -1/8];     %_____
sos=tf2sos(b,a)          %_____
h=sosfilt(sos,x);        %_____
stem(h,'.');grid on;title('h(n)'); %画 h(n)
```

实验内容：

（1）在%后的横线上填入注释。

（2）运行此程序，在命令窗口中读取 sos，sos 是多少？

（3）根据 sos 矩阵，写出 $H(z)$ 级联型结构的表达式。

3. IIR 数字滤波器的并联型结构实现

设某系统的系统函数 $H(z)=\dfrac{8-4z^{-1}+11z^{-2}-2z^{-3}}{1-\dfrac{5}{4}z^{-1}+\dfrac{3}{4}z^{-2}-\dfrac{1}{8}z^{-3}}$，将它转换为并联型结构。

实验参考程序：

```
%ch4prog3.m
clear
clc
b=[8 -4 11 -2];
a=[1 -5/4 3/4 -1/8];
[r,p,k]=residuez(b,a)    %_____
```

实验内容：

（1）在%后的横线上填入注释。

（2）运行此程序，在命令窗口中读取 r、p、k。

（3）根据 r、p、k，写出 $H(z)$ 并联型结构的表达式。

四、实验要求

1. 简述实验目的。
2. 预习实验原理。
3. 实验结果及分析。包括注明程序注释、画出实验运行结果波形、回答实验中提出的问题，如果有程序设计要求，那么请列出程序清单并简要叙述程序调试过程。

4.2　FIR 数字滤波器的结构实现

一、实验原理

1. 有限脉冲响应（FIR）数字滤波器的直接型结构

N 阶 FIR 数字滤波器的系统函数为

$$H(z) = \sum_{n=0}^{N-1} h(n)z^{-n} \tag{4.4}$$

式中，$h(n)$ 是 FIR 数字滤波器的单位脉冲响应，N 是 FIR 数字滤波器的阶数。

求 FIR 数字滤波器直接型结构的系统输出可用 MATLAB 函数 y=filter(b,a,x)，其中，x 是输入信号，y 是输出信号，b、a 是 $H(z)$ 分子/分母多项式的系数

$$\boldsymbol{b}=[h(0)\ h(1)\ h(2)\ \cdots\ h(N-1)],\quad a=1$$

2. FIR 数字滤波器的级联型结构

二阶基本级联型结构的 FIR 数字滤波器的系统函数为

$$H(z) = \prod_{i=1}^{L} h_{0i} + h_{1i}z^{-1} + h_{2i}z^{-2} \tag{4.5}$$

（1）直接型结构转换为二阶基本级联型结构

可用 MATLAB 函数 sos=tf2sos(b,a)，其中，x 是输入信号，y 是输出信号，b、a 是 $H(z)$ 分子/分母多项式的系数

$$\boldsymbol{b}=[h(0)\ h(1)\ h(2)\ \cdots\ h(N-1)],\quad a=1$$

sos 是级联型结构 FIR 数字滤波器二次分式的系数

$$\text{sos} = \begin{bmatrix} h_{01} & h_{11} & h_{21} & 1 \\ h_{02} & h_{12} & h_{22} & 1 \\ \vdots & \vdots & \vdots & \vdots \\ h_{0L} & h_{1L} & h_{2L} & 1 \end{bmatrix}$$

（2）计算级联型结构的输出 $y(n)$

计算级联型结构的输出 $y(n)$ 可用 MATLAB 函数 y=sosfilt(sos,x)，其中，sos 是级联型结构 FIR 数字滤波器二次分式的系数，x 是系统的输入信号，y 是系统的输出信号。

3. FIR 数字滤波器的频率采样型结构

FIR 数字滤波器的频率采样型结构的系统函数为

$$H(z) = (1 - z^{-N})\frac{1}{N}\sum_{k=0}^{N-1}\frac{H(k)}{1 - W_N^{-k}z^{-1}} \tag{4.6}$$

式中，$H(k) = \text{DFT}[h(n)] = H(z)\Big|_{z = e^{j\frac{2\pi}{N}k}}$（$k = 0 \sim N-1$）。

由于式（4.6）包含复数运算，不利于硬件实现且不能保证系统的稳定性，因此做以下修正。

（1）N 为偶数

$$H(z) = (1 - r^N z^{-N})\frac{1}{N}\left[\frac{H(0)}{1 - rz^{-1}} + \frac{H(\frac{N}{2})}{1 + rz^{-1}} + \sum_{k=1}^{N/2-1}\frac{B_{0k} + B_{1k}z^{-1}}{1 - z^{-1}2r\cos(\frac{2\pi}{N}k) + r^2 z^{-2}}\right] \tag{4.7}$$

式中，$B_{0k} = 2\text{Re}[H(k)]$，$B_{1k} = -2r\text{Re}[H(k)W_N^k]$，$r \approx 1$。

（2）N 为奇数

$$H(z) = (1 - r^N z^{-N})\frac{1}{N}\left[\frac{H(0)}{1 - rz^{-1}} + \sum_{k=1}^{(N-1)/2}\frac{B_{0k} + B_{1k}z^{-1}}{1 - z^{-1}2r\cos(\frac{2\pi}{N}k) + r^2 z^{-2}}\right] \tag{4.8}$$

二、实验环境

1. 计算机 1 台。
2. Windows 7 或以上版本操作系统。
3. MATLAB 7.0 或以上版本软件。

三、实验参考和实验内容

1. FIR 数字滤波器的直接型结构

某 FIR 数字滤波器的系统函数 $H(z) = \frac{1}{6}(1 + 3z^{-1} + 4z^{-2} + 3z^{-3} + z^{-4})$，求系统的单位脉冲响应 $h(n)$ 及零极点分布图。

实验参考程序：

```
%ch4prog4.m
clear
clc
N=100;
x=[1 zeros(1,N-1)];        %输入 x(n)=δ(n)
b=1/6*[1 3 4 3 1];          %H(z)分子多项式系数 b
a=[1];                      %H(z)分母多项式系数 a
h=filter(b,a,x);            %求系统的单位脉冲响应 h(n)
subplot(221);stem(h,'.');grid on;title('h(n)');axis([0 10 0 1]);   %画 h(n)
subplot(222);zplane(b,a,N);grid on;title('H(z)零极点分布图');%画零极点分布图
```

FIR 数字滤波器的直接型结构的单位脉冲响应 $h(n)$ 及零极点分布图如图 4.2 所示。

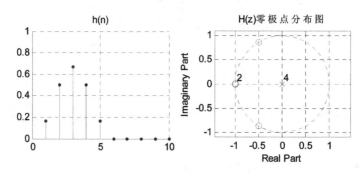

图 4.2　FIR 数字滤波器的直接型结构的单位脉冲响应 $h(n)$ 及零极点分布图

实验内容：

（1）运行此程序，画出 $h(n)$ 及 $H(z)$ 的零极点分布图。

（2）观察零极点分布图，系统的极点 d_1、d_2、d_3、d_4 是多少？零点 c_1、c_2、c_3、c_4 是多少？

2．FIR 数字滤波器的级联型结构

某 FIR 数字滤波器直接型结构的系统函数 $H(z) = \dfrac{1}{6}(1 + 3z^{-1} + 4z^{-2} + 3z^{-3} + z^{-4})$，将它转换为级联型结构。

实验参考程序：

```
%ch4prog5.m
clear
clc
N=100;
x=[1 zeros(1,N-1)];        %_____
b=1/6*[1 3 4 3 1];         %_____
a=[1];                     %_____
sos=tf2sos(b,a);           %_____
h=sosfilt(sos,x);          %_____
stem(h,'.');grid on;title('h(n)');
```

实验内容：

（1）在%后的横线上填入注释。

（2）运行此程序，在命令窗口中读取 sos。

（3）根据 sos 矩阵，写出 $H(z)$ 级联型结构的表达式。

3．FIR 数字滤波器的频率采样型结构

某 FIR 数字滤波器直接型结构的系统函数 $H(z) = \dfrac{1}{6}(1 + 3z^{-1} + 4z^{-2} + 3z^{-3} + z^{-4})$，将它转换为频率采样型结构。

实验参考程序：

```
%ch4prog6.m（主程序）
clear
clc
```

```
h=1/6*[1 3 4 3 1];          %_____
r=1;N=length(h);            %_____
[C,B,A]=tf2fs(h)            %_____
%tf2fs.m  直接型结构到频率采样型结构的转换(子函数)
function [C,B,A] = tf2fs(h)
% ---------------------------------
% [C,B,A] = tf2fs(h)
% C = 包含各并联部分增益的行向量
% B = 包含按行排列的分子系数矩阵
% A = 包含按行排列的分母系数矩阵
% h = FIR 数字滤波器单位脉冲响应
N= length(h);
H = fft(h,N);                    %用 FFT 求各 H(k)
%r=input(' r=');                 %用户输入 r,r≈1
r = 1;
magH = abs(H); phaH = angle(H)'; %求 H(k)的幅度及相位

if (N == 2*floor(N/2))
    L = N/2-1;                   %N 为偶数
    A1 = [1,-1,0;1,1,0];         %设置 z=r 处的实极点,A1 为其系数
    C1 = [real(H(1)),real(H(L+2))];%z=1 处 H(k)的样值
else
    L = (N-1)/2;                 %N 为奇数
    A1 = [1,-1,0];
    C1 = [real(H(1))];
end
k = [1:L]';
% 初始数组 B 和数组 A
B = zeros(L,2); A = zeros(L,3);  %数组 A,B 的发初始化
% 计算分母系数
A(1:L,1)=1;
A(1:L,2) = -2*cos(2*pi*k/N);
A(1:L,3)=1;
A = [A;A1];
% 计算分子系数
B(1:L,1) = cos(phaH(2:L+1));
B(1:L,2) = -cos(phaH(2:L+1)-(2*pi*k/N));
% 计算增益系数
C = [2*magH(2:L+1),C1]';
```

实验内容:

（1）在%后的横线上填入注释。

（2）运行此程序，在命令窗口中读取矩阵 **C**、**B**、**A**。

（3）根据 **C**、**B**、**A** 矩阵，写出 $H(z)$ 频率采样型结构的表达式。

四、实验要求

1. 简述实验目的。

2. 预习实验原理。

3. 实验结果及分析。包括注明程序注释、画出实验运行结果波形、回答实验中提出的问题，如果有程序设计要求，那么请列出程序清单并简要叙述程序调试过程。

实验 5 IIR 数字滤波器设计

实验目的：本实验包含 3 个实验子项目，通过 MATLAB 编程仿真，掌握 IIR 数字滤波器的设计方法。

1. 掌握模拟滤波器的设计方法，利用频带变换实现从低通滤波器到高通/带通/带阻滤波器的转换。
2. 掌握用脉冲响应不变法设计 IIR 数字滤波器的方法。
3. 掌握用双线性变换法设计 IIR 数字滤波器的方法。
4. 熟悉 IIR 数字滤波器的应用实例。

5.1 模拟滤波器设计

一、实验原理

1. 数字滤波器及其分类

选频型数字滤波器的功能是对输入信号进行数值运算，保留信号中的有用频率成分而滤除无用频率成分，即数字滤波器是能实现选频功能的数字硬件系统或程序模块。数字滤波器通常分为无限长单位脉冲响应（IIR）数字滤波器与有限长单位脉冲响应（FIR）数字滤波器。其中，IIR 数字滤波器可借助模拟滤波器的设计方法，先根据技术指标设计模拟滤波器，再将其转换成数字滤波器。模拟滤波器的设计理论非常成熟，而且有多种性能优良的滤波器可供选择，如巴特沃斯滤波器、切比雪夫滤波器和椭圆滤波器等，其设计公式和图表十分完善。

2. 模拟滤波器的技术指标

模拟滤波器的技术指标有通带截止频率 Ω_p、阻带截止频率 Ω_s、通带最大衰减 α_p、阻带最小衰减 α_s。

3. 模拟滤波器的设计步骤

（1）根据信号处理的要求确定设计指标，并选定滤波器类型。
（2）设计模拟原型低通滤波器：计算滤波器阶数 N 和 3dB 截止频率 Ω_c，通过查表计算滤波器系统函数 $H_a(s)$。
（3）通过频带变换将模拟原型低通滤波器系统函数转换为所需类型的滤波器系统函数 $H(s)$。

4. 本实验相关 MATLAB 函数

1）由技术指标求模拟滤波器的阶数 N 和 3dB 截止频率 Ω_c
（1）巴特沃斯低通滤波器

MATLAB 函数：[N,wc]=buttord(wp,ws,ap,as,'s')。

其中，N 是滤波器阶数；wc 是模拟滤波器的 3dB 截止频率（rad/s）；wp 是通带截止频率 $\Omega_{\rm p}$；ws 是阻带截止频率 $\Omega_{\rm s}$；ap 是通带最大衰减 $\alpha_{\rm p}$；as 是阻带最小衰减 $\alpha_{\rm s}$。

（2）切比雪夫 I 型低通滤波器

MATLAB 函数：[N,wpo]=cheb1ord(wp,ws,ap,as,'s')。

其中，N 是滤波器阶数；wpo 是模拟滤波器的通带截止频率（rad/s），其他参数含义与（1）相同。

（3）切比雪夫 II 型低通滤波器

MATLAB 函数：[N,wso]=cheb2ord(wp,ws,ap,as,'s')。

其中，N 是滤波器阶数；wso 是模拟滤波器的阻带截止频率（rad/s），其他参数含义与（1）相同。

（4）椭圆低通滤波器

MATLAB 函数：[N,wpo]=ellipord(wp,ws,ap,as,'s')。

其中，N 是滤波器阶数；wpo 是模拟滤波器的通带截止频率（rad/s），其他参数含义与（1）相同。

2）利用频带变换实现从低通滤波器到高通/带通/带阻滤波器的转换

（1）巴特沃斯滤波器

MATLAB 函数：[B,A]=butter(N,wc,'ftype','s')。

其中，N 是滤波器阶数；wc 是模拟滤波器的 3dB 截止频率（rad/s）；ftype 是滤波器类型，若 ftype 不写，则默认为低通滤波器，ftype=high 是高通滤波器，ftype=stop 是带阻滤波器；当 w=[wc1 wc2]时，为带通滤波器；B、A 是模拟滤波器系统函数 $H(s)$ 的分子/分母多项式的系数

$$H(s)=\frac{B(s)}{A(s)}=\frac{B(1)s^{N}+B(2)s^{N-1}+\cdots+B(N)s+B(N+1)}{A(1)s^{N}+A(2)s^{N-1}+\cdots+A(N)s+A(N+1)}$$

（2）切比雪夫 I 型和 II 型滤波器

对于切比雪夫 I 型滤波器，MATLAB 函数：[B,A]=cheby1(N,ap,wpo,'ftype','s')。

对于切比雪夫 II 型滤波器，MATLAB 函数：[B,A]=cheby2(N,as,wso,'ftype','s')。

（3）椭圆滤波器

MATLAB 函数：[B,A]=ellip(N,ap,as,wpo,'ftype','s')。

3）模拟滤波器的频响特性

MATLAB 函数：[H,Omeg]=freqs(B,A)。

其中，H 是模拟滤波器 $H(s)$ 的频率响应；B、A 是分别是 $H(s)$ 分子/分母多项式的系数；Omeg 是模拟滤波器的角频率（rad/s）。

二、实验环境

1. 计算机 1 台。

2. Windows 7 或以上版本操作系统。

3. MATLAB 7.0 或以上版本软件。

三、实验参考和实验内容

1．设计模拟低通滤波器

1）设计巴特沃斯模拟低通滤波器

设计一个巴特沃斯模拟低通滤波器，通带截止频率 f_p=1kHz，阻带截止频率 f_s=5kHz，通带最大衰减 α_p=1dB，阻带最小衰减 α_s=40dB。

实验参考程序：

```
%ch5prog1.m
clear
clc
fp=1000;fs=5000;
wp=2*pi*fp;                        %_____
ws=2*pi*fs;                        %_____
ap=1;as=40;
[N,wc]=buttord(wp,ws,ap,as,'s')    %_____
[B,A]=butter(N,wc,'s')             %_____
[H,Omeg]=freqs(B,A);               %_____
subplot(221);plot(Omeg/(2*pi),20*log10(abs(H+eps)));   %_____
grid on;axis([0 6000 -60 10]);
subplot(222);plot(Omeg/(2*pi),angle(H)*180/pi);grid on;%_____
grid on;axis([0 6000 -200 200]);
```

巴特沃斯模拟低通滤波器的幅频特性和相频特性如图 5.1 所示。

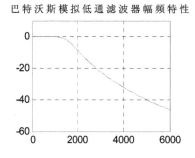
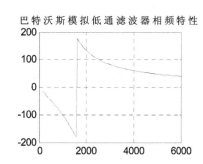

图 5.1　巴特沃斯模拟低通滤波器的幅频特性和相频特性

实验内容：

（1）在%后的横线上填入注释。

（2）运行此程序，绘出巴特沃斯模拟低通滤波器的幅频特性与相频特性。

（3）观察幅频特性曲线，当纵坐标为-1dB 时，横坐标是多少？是否与 f_p 相等？当纵坐标为-40dB 时，横坐标是多少？是否与 f_s 相等？

（4）在命令窗口中读出滤波器阶数 N、3dB 截止频率 wc、滤波器分子/分母系数 B 和 A。根据 B、A，写出模拟滤波器系统函数 $H(s)$ 的表达式。

2）设计切比雪夫模拟低通滤波器、椭圆模拟低通滤波器

实验内容：

编写程序 ch5prog2.m，完成以下功能。

（1）设计一个切比雪夫Ⅰ型模拟低通滤波器，通带截止频率 f_p=1kHz，阻带截止频率 f_s=5kHz，通带最大衰减 α_p=1dB，阻带最小衰减 α_s=40dB。

（2）设计一个切比雪夫Ⅱ型模拟低通滤波器，技术指标同上。

（3）设计一个椭圆模拟低通滤波器，技术指标同上。

（4）列出程序清单。

（5）在同一幅图中分别绘出切比雪夫Ⅰ型、切比雪夫Ⅱ型及椭圆模拟低通滤波器的幅频/相频特性。

切比雪夫Ⅰ型、切比雪夫Ⅱ型及椭圆模拟低通滤波器的幅频/相频特性如图 5.2 所示。

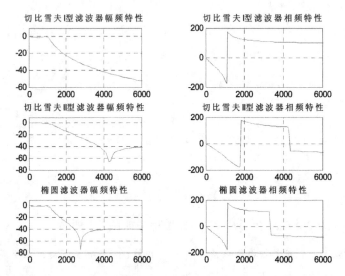

图 5.2　切比雪夫Ⅰ型、切比雪夫Ⅱ型及椭圆模拟低通滤波器的幅频/相频特性

2. 利用频带变换法设计模拟高通/带通/带阻滤波器

1）设计模拟高通滤波器

设计一个巴特沃斯模拟高通滤波器，通带截止频率 f_p=4kHz，阻带截止频率 f_s=1kHz，通带最大衰减 α_p=0.1dB，阻带最小衰减 α_s=40dB。

实验参考程序：

```
%ch5prog3.m
clear
clc
fp=4000;fs=1000;
wp=2*pi*fp;                    %_____
ws=2*pi*fs;                    %_____
ap=0.1;as=40;
[N,wc]=buttord(wp,ws,ap,as,'s')    %_____
[BH,AH]=butter(N,wc,'high','s')    %_____
[H,Omeg]=freqs(BH,AH);             %_____
```

```
subplot(221);plot(Omeg/(2*pi),20*log10(abs(H+eps)));      %_____
grid on;axis([0 6000 -60 10]);
subplot(222);plot(Omeg/(2*pi),angle(H)*180/pi);grid on;%_____
axis([0 6000 -200 200]);
```

实验内容：

（1）在%后的横线上填入注释。

（2）运行此程序，绘出巴特沃斯模拟高通滤波器的幅频特性与相频特性。

（3）在命令窗口中读出滤波器阶数 N、3dB 截止频率 wc、滤波器分子/分母系数 BH 和 AH。根据 BH、AH，写出模拟高通滤波器的系统函数 $H(s)$ 的表达式。

2）设计模拟带通滤波器

设计一个巴特沃斯模拟带通滤波器，通带上、下边界频率分别为 f_{p1}=4kHz、f_{p2}=7kHz，阻带上、下边界频率分别为 f_{s1}=2kHz、f_{s2}=9kHz，通带最大衰减 α_p=1dB，阻带最小衰减 α_s=20dB。

实验参考程序：

```
%ch5prog4.m
clear
clc
fp1=4000;fp2=7000;
fs1=2000;fs2=9000;
wp=[2*pi*fp1 2*pi*fp2];              %_____
ws=[2*pi*fs1 2*pi*fs2];              %_____
ap=1;as=20;
[N,wc]=buttord(wp,ws,ap,as,'s')      %_____
[BB,AB]=butter(N,wc,'s')             %_____
[H,Omeg]=freqs(BB,AB);               %_____
subplot(221);plot(Omeg/(2*pi),20*log10(abs(H+eps)));
grid on; axis([1000 10000 -100 10]);title('巴特沃斯模拟带通滤波器幅频特性');
subplot(222);plot(Omeg/(2*pi),angle(H)*180/pi);grid on;
grid on; axis([1000 10000 -200 200]);title('巴特沃斯模拟带通滤波器相频特性');
```

实验内容：

（1）在%后的横线上填入注释。

（2）运行此程序，绘出巴特沃斯模拟带通滤波器的幅频特性与相频特性。

（3）在命令窗口中读出滤波器阶数 N、3dB 截止频率 wc、滤波器分子/分母系数 BB 和 AB。

巴特沃斯模拟带通滤波器的幅频特性与相频特性如图 5.3 所示。

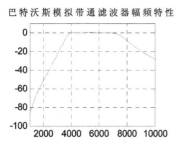 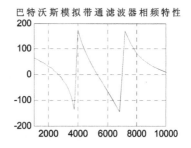

图 5.3　巴特沃斯模拟带通滤波器的幅频特性与相频特性

3）设计模拟带阻滤波器

编写程序 ch5prog5.m，分别设计巴特沃斯/椭圆模拟带阻滤波器，阻带上、下边界频率分别为 f_{s1}=4kHz、f_{s2}=7kHz，通带上、下边界频率分别为 f_{p1}=2kHz、f_{p2}=9kHz，通带最大衰减 α_p=1dB，阻带最小衰减 α_s=20dB。

巴特沃斯模拟带阻滤波器与椭圆模拟带阻滤波器的幅频特性如图 5.4 所示。

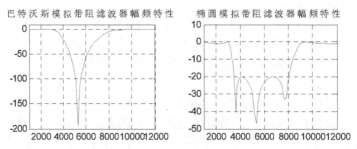

图 5.4　巴特沃斯模拟带阻滤波器与椭圆模拟带阻滤波器的幅频特性

实验内容：

（1）列出程序清单。

（2）在同一幅图中绘出巴特沃斯模拟带阻滤波器与椭圆模拟带阻滤波器的幅频特性。

四、实验要求

1. 简述实验目的。

2. 预习实验原理。

3. 实验结果及分析。包括注明程序注释、画出实验运行结果波形、回答实验中提出的问题，如果有程序设计要求，那么请列出程序清单并简要叙述程序调试过程。

5.2　脉冲响应不变法/双线性变换法设计 IIR 数字滤波器

一、实验原理

1. 脉冲响应不变法设计 IIR 数字滤波器

设模拟滤波器 $H(s)=\sum\limits_{k=1}^{N}\dfrac{A_k}{s-s_k}$，则

$$H(z)=\sum_{k=1}^{N}\frac{A_k}{1-e^{s_kT}z^{-1}} \tag{5.1}$$

式中，$H(s)$ 是模拟滤波器的系统函数；$H(z)$ 是数字滤波器的系统函数；A_k 是模拟滤波器的分子系数；s_k 是模拟滤波器的单阶极点；T 是采样周期。

在脉冲响应不变法中，$z=e^{sT}$，用这种方法设计数字滤波器的缺点是：存在频谱混叠失真。

MATLAB 函数：[b,a]=impinvar(B,A,fs)。其中，B、A 是模拟滤波器 $H(s)$ 的分子/分母多项式的系数；b、a 是数字滤波器 $H(z)$ 的分子/分母多项式的系数；fs 是采样频率。

2．双线性变换法设计 IIR 数字滤波器

$$H(z)= H(s)\bigg|_{s=\frac{2}{T}\frac{1-z^{-1}}{1+z^{-1}}} \qquad (5.2)$$

式中，$H(s)$ 是模拟滤波器的系统函数；$H(z)$ 是数字滤波器的系统函数；T 是采样周期。

在双线性变换法中，$\Omega=\dfrac{2}{T}\tan\dfrac{\omega}{2}$，其中，$\omega$ 是数字频率（rad），Ω 是模拟角频率（rad/s）。用这种方法设计数字滤波器的优点是：不存在频谱混叠失真。

MATLAB 函数：[N,wc]=buttord(wp/pi,ws/pi,ap,as)。其中，wp/pi、ws/pi 是数字滤波器归一化通带/阻带截止频率；N 是数字滤波器的阶数；wc 是数字滤波器的 3dB 截止频率。

MATLAB 函数：[b,a]=butter(N,wc)。其中，b、a 是数字低通滤波器 $H(z)$ 的分子/分母多项式的系数。

3．数字高通/带通/带阻滤波器的设计（以巴特沃斯滤波器为例）

（1）数字高通滤波器的设计

MATLAB 函数：[b,a]=butter(N,wc,'high')。其中，b、a 是数字高通滤波器 $H(z)$ 的分子/分母多项式的系数。

（2）数字带通滤波器的设计

MATLAB 函数：[b,a]=butter(N,wc)。其中，b、a 是数字带通滤波器 $H(z)$ 的分子/分母多项式的系数；wc=[wc1 wc2] 是数字带通滤波器的 3dB 截止频率。

（3）数字带阻滤波器的设计

MATLAB 函数：[b,a]=butter(N,wc,'stop')。其中，b、a 是数字带阻滤波器 $H(z)$ 的分子/分母多项式的系数；wc=[wc1 wc2] 是数字带阻滤波器的 3dB 截止频率。

4．IIR 数字滤波器的实现方法

数字滤波器相当于一个离散时间系统，采用数字滤波器对输入信号进行滤波，相当于求解该离散时间系统的方程。

MATLAB 函数：y=filter(b,a,x)。其中，b、a 是数字滤波器 $H(z)$ 的分子/分母多项式的系数；x 是输入信号 $x(n)$；y 是输出信号 $y(n)$。

二、实验环境

1. 计算机 1 台。
2. Windows 7 或以上版本操作系统。
3. MATLAB 7.0 或以上版本软件。

三、实验参考和实验内容

1．脉冲响应不变法设计 IIR 数字滤波器

一个二阶巴特沃斯模拟低通滤波器的系统函数为

$$H(s) = \frac{1}{s^2 +1.414s +1}$$

采样周期为 T，用脉冲响应不变法将其转换为数字滤波器 $H(z)$，对不同的 T，观察频谱混叠失真现象。

实验参考程序：

```
%ch5prog6.m
clear
clc
B=[1];
A=[1 1.414 1];               %模拟滤波器系数
T=0.05;                      %采样周期 T=0.05s
N=512;
fs=1/T;                      %采样频率 fs
[b,a]=impinvar(B,A,fs);      %用脉冲响应不变法求数字滤波器的系数 b,a
[Hm,Omeg]=freqs(B,A);        %求模拟滤波器频响特性
[H,w]=freqz(b,a,N);          %求数字滤波器频响特性
subplot(221);plot(Omeg,20*log(abs(Hm)));grid on;     %画模拟滤波器幅频特性
subplot(222);plot(w,20*log(abs(H)));grid on;         %画数字滤波器幅频特性
```

脉冲响应不变法设计数字滤波器（1）如图 5.5 所示。

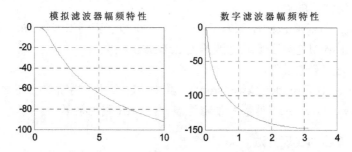

图 5.5　脉冲响应不变法设计数字滤波器（1）

实验内容：

（1）运行该程序，画出模拟滤波器及数字滤波器的幅频特性。

（2）改变采样周期，分别设 T=0.1s、T=0.2s、T=1s，观察数字滤波器的幅频特性，可得出什么结论？

（3）用脉冲响应不变法设计一个巴特沃斯数字低通滤波器，技术指标为 ω_p=0.2πrad、ω_s=0.35πrad、α_p=1dB、α_s=10dB。

实验参考程序：

```
%ch5prog7.m
clear
clc
T=1;                %采样周期 T
wp=0.2*pi/T;        %_____
ws=0.35*pi/T;       %_____
ap=1;
as=10;
N1=1024;
```

```
[N,wc]=buttord(wp,ws,ap,as,'s');      %_____
[B,A]=butter(N,wc,'s');               %_____
[b,a]=impinvar(B,A);                  %_____
[H,w]=freqz(b,a,N1);                  %_____
plot(w/pi,20*log(abs(H)));grid on; title('数字滤波器幅频特性');
```

脉冲响应不变法设计数字滤波器（2）如图 5.6 所示。

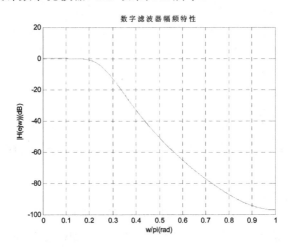

图 5.6　脉冲响应不变法设计数字滤波器（2）

实验内容：

（1）在%后的横线上填入注释。

（2）运行此程序，绘出数字滤波器的幅频特性。

（3）在命令窗口中读出滤波器阶数 N、3dB 截止频率 wc、数字滤波器 $H(z)$ 的分子/分母多项式的系数 b 和 a。

2. 双线性变换法设计 IIR 数字低通滤波器

用双线性变换法设计一个巴特沃斯数字低通滤波器，技术指标为 $\omega_p=0.2\pi\text{rad}$、$\omega_s=0.35\pi\text{rad}$、$\alpha_p=1\text{dB}$、$\alpha_s=10\text{dB}$。

实验参考程序：

```
%ch5prog8.m
clear
clc
wp=0.2*pi;
ws=0.35*pi;
ap=1;
as=10;
N1=1024;
[N,wc]=buttord(wp/pi,ws/pi,ap,as);   %_____
[b,a]=butter(N,wc);                  %_____
[H,w]=freqz(b,a,N1);                 %_____
plot(w/pi,20*log(abs(H)));grid on; title('数字低通滤波器幅频特性');
```

双线性变换法设计的数字低通滤波器的幅频特性如图 5.7 所示。

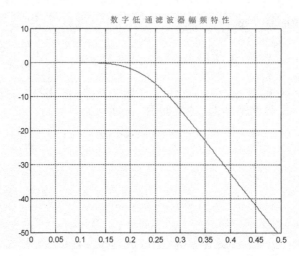

图 5.7　双线性变换法设计的数字低通滤波器的幅频特性

实验内容:

(1) 在%后的横线上填入注释。

(2) 运行此程序,绘出数字低通滤波器的幅频特性曲线。

(3) 在命令窗口中读出数字低通滤波器的阶数 N、3dB 截止频率 wc、数字低通滤波器 $H(z)$ 的分子/分母多项式的系数 b 和 a。

(4) 当 $\omega_p=0.2\pi\text{rad}$ 时,实际的 α_p 是多少?当 $\omega_s=0.35\pi\text{rad}$ 时,实际的 α_s 是多少?该滤波器的技术指标是否达到了设计目标?

3.巴特沃斯数字高通/带通/带阻滤波器的设计

1) 设计数字高通滤波器

设计一个巴特沃斯数字高通滤波器,技术指标为 $\omega_s=0.2\pi\text{rad}$、$\omega_p=0.35\pi\text{rad}$、$\alpha_p=1\text{dB}$、$\alpha_s=10\text{dB}$。

用双线性变换法设计的数字高通滤波器的幅频特性如图 5.8 所示。

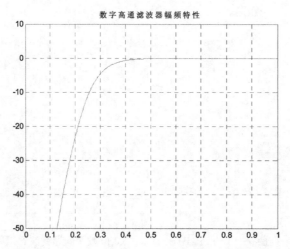

图 5.8　用双线性变换法设计的数字高通滤波器的幅频特性

实验内容：

（1）设程序名称为 ch5prog9.m，列出程序清单。

（2）绘出巴特沃斯数字高通滤波器的幅频特性。

（3）在命令窗口中读出数字滤波器的阶数 N、3dB 截止频率 wc、数字高通滤波器 $H(z)$ 的分子/分母多项式的系数 b 和 a。

（4）当 ω_p=0.35πrad 时，实际的 α_p 是多少？当 ω_s=0.2πrad 时，实际的 α_s 是多少？该滤波器的技术指标是否达到了设计目标？

2）设计数字带通滤波器

设计一个巴特沃斯数字带通滤波器，采样频率为 f_s=8kHz，通带上、下边界频率为 f_{p1}=2025Hz、f_{p2}=2225Hz，阻带上、下边界频率为 f_{s1}=1500Hz、f_{s2}=2700Hz，α_p=1dB，α_s=40dB。

用双线性变换法设计的数字带通滤波器的幅频特性如图 5.9 所示。

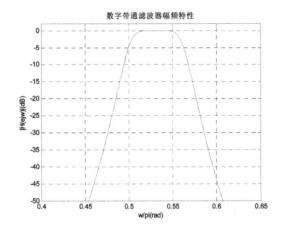

图 5.9　用双线性变换法设计的数字带通滤波器的幅频特性

实验参考程序：

```
%ch5prog10.m
clear
clc
fp1=2025;fp2=2225;
fs1=1500;fs2=2700;
fs=8000;
wp=[2*pi*fp1/fs 2*pi*fp2/fs];
ws=[2*pi*fs1/fs 2*pi*fs2/fs];
ap=1;
as=40;
N1=1024;
[N,wc]=buttord(wp/pi,ws/pi,ap,as);
[b,a]=butter(N,wc);
[H,w]=freqz(b,a,N1);
plot(w/pi,20*log(abs(H)));grid on; title('数字带通滤波器幅频特性');
```

```
xlabel('w/pi(rad)');ylabel('|H(ejw)|(dB)');
axis([0.4 0.65 -50 2]);
```

实验内容：

（1）运行此程序，绘出数字带通滤波器的幅频特性曲线。

（2）在命令窗口中读出数字带通滤波器的阶数 N、3dB 截止频率 wc、数字带通滤波器 $H(z)$的分子/分母多项式的系数 b 和 a。

3）设计数字带阻滤波器

设计一个巴特沃斯数字带阻滤波器，采样频率为 f_s=8kHz，阻带上、下边界频率为 f_{p1}=2025Hz、f_{p2}=2225Hz，通带上、下边界频率为f_{s1}=1500Hz、f_{s2}=2700Hz，α_p=1dB，α_s=40dB。

用双线性变换法设计的数字带阻滤波器的幅频特性如图 5.10 所示。

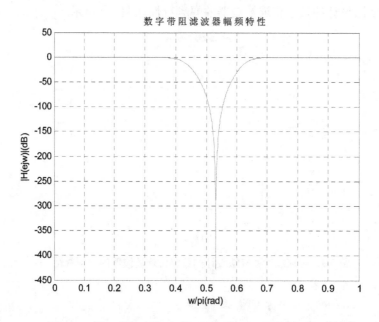

图 5.10　用双线性变换法设计的数字带阻滤波器的幅频特性

实验内容：

（1）设程序名称为 ch5prog11.m，列出程序清单。

（2）绘出巴特沃斯数字带阻滤波器的幅频特性曲线。

（3）在命令窗口中读出数字带阻滤波器的阶数 N、3dB 截止频率 wc、数字带阻滤波器 $H(z)$的分子/分母多项式的系数 b 和 a。

4．IIR 滤波的实现方法

设信号 $x(n)$=sin($2\pi n f_1/f_s$)+sin($2\pi n f_2/f_s$)（n=0～999），其中 f_1=50Hz，f_2=300Hz，采样频率 f_s=1000Hz，α_s=40dB，采用 ch5prog8.m 中设计的巴特沃斯数字低通滤波器对其进行滤波。

实验参考程序：

```
%ch5prog12.m
clear
clc
```

```
wp=0.2*pi; ws=0.35*pi; ap=1;as=40;
N1=1024;
[N,wc]=buttord(wp/pi,ws/pi,ap,as);
[b,a]=butter(N,wc);
[H,w]=freqz(b,a,N1);
%%%%%%%%%%%%%%%%%%
f1=50;f2=300;fs=1000;N=1000;n=0:N-1;
x=sin(2*pi*f1*n/fs)+sin(2*pi*f2*n/fs); %_____
y=filter(b,a,x);                       %_____
subplot(221);plot(x);axis([0 200 -2 2]);title('x(n)');grid on;
subplot(223);plot(y);axis([0 200 -2 2]);title('低通滤波后的信号y(n)');grid on;
```

IIR 滤波的波形如图 5.11 所示。

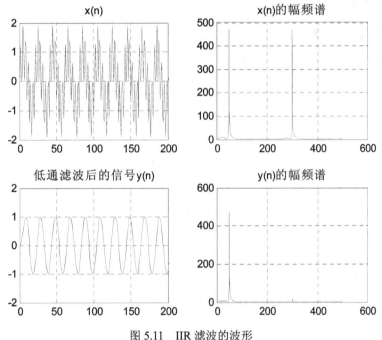

图 5.11　IIR 滤波的波形

实验内容:

（1）在%后的横线上填入注释。

（2）运行此程序,绘出 $x(n)$ 与滤波后的信号 $y(n)$ 的波形。

（3）在该程序后面添加对 $x(n)$ 与 $y(n)$ 进行 FFT 频谱分析的语句,FFT 的点数 $N_1=1024$,并绘出它们的幅频谱（画 $N_1/2$ 点）。

（4）该 IIR 滤波器的阶数是多少?

四、实验要求

1. 简述实验目的。

2. 预习实验原理。

3. 实验结果及分析。包括注明程序注释、画出实验运行结果波形、回答实验中提出的问题，如果有程序设计要求，那么请列出程序清单并简要叙述程序调试过程。

5.3 IIR 数字滤波器的应用实例

一、实验环境

1. 计算机 1 台。

2. Windows 7 或以上版本操作系统。

3. MATLAB 7.0 或以上版本软件。

二、实验参考和实验内容

1. 利用低通滤波器滤除心电信号中的高频干扰

人体的心电信号在测量过程中往往会受到工业高频干扰，必须经过低通滤波处理后才能作为判断心脏功能的有用信息。给出一实际心电信号采样序列样本 $x(n)$，其中存在高频干扰。试以 $x(n)$ 作为输入序列，滤除其中的干扰成分。$x(n)$= {−4, −2, 0, −4, −6, −4, −2, −4, −6, −6, −4, −4, −6, −6, −2, 6, 12, 8, 0, −16, −38, −60, −84, −90, −66, −32, −4, −2, −4, 8, 12, 12, 10, 6, 6, 6, 4, 0, 0, 0, 0, 0, −2, −4, 0, 0, 0, −2, −2, 0, 0, −2, −2, −2, −2, 0} 。

低通滤波器的设计指标：ω_p=0.2πrad，ω_s=0.3πrad，α_p=1dB，α_s=15dB。

$$H(z) = \frac{0.0007378(1+z^{-1})^6}{(1-1.268z^{-1}+0.705z^{-2})(1-1.0106z^{-1}+0.3583z^{-2})(1-0.904z^{-1}+0.215z^{-2})}$$
$$= \prod_{k=1}^{3} H_k(z)$$

已设计出 $H_k(z)$：

$$H_k(z) = \frac{A(1+2z^{-1}+z^{-2})}{1-B_k z^{-1}-C_k z^{-2}}, \quad k=1,2,3$$

其中，A=0.09036，B_1=1.2686，C_1=−0.7051，B_2=1.0106，C_2=−0.3583，B_3=0.9044，C_3=−0.2155。

IIR 滤波可用 MATLAB 语句 y=filter(b,a,x)，其中，b、a 是 $H_k(z)$ 分子/分母多项式的系数，x 是输入信号 $x(n)$，y 是输出信号 $y(n)$。

求频响特性可用 MATLAB 语句[H,w]=freqz(b,a,N)，其中，b、a 是 $H_k(z)$ 分子/分母多项式的系数，N 是频率点数，H 是滤波器的频响特性 $H(\omega)$，w 是数字频率 ω。

（1）用 IIR 低通滤波器对实际的心电信号进行滤波。

实验参考程序：

```
%程序：ch5prog13.m
clear
clc
```

```
x=[-4,-2,0,-4,-6,-4,-2,-4,-6,-6, ...
  -4, -4, -6, -6,-2,6,12,8,0,-16, ...
  -38,-60,-84,-90,-66,-32,-4, -2, -4, 8, ...
  12, 12, 10, 6, 6, 6, 4, 0, 0, 0, ...
  0, 0, -2, -4, 0, 0, 0, -2, -2, 0, ...
  0, -2, -2, -2, -2, 0];          %心电信号 x(n) [含高频噪声]
A=0.09036;                        %IIR 低通滤波器系数
B1=1.2686;C1=-0.7051;
B2=1.0106;C2=-0.3583;
B3=0.9044;C3=-0.2155;
b=[A 2*A A];
a1=[1 -B1 -C1];
N=128;
[H1,w]=freqz(b,a1,N);             %频响特性 H1(w)
y1=filter(b,a1,x);                %y1(n) 是 x(n) 经 H1(z) 滤波的结果
a2=[1 -B2 -C2];
[H2,w]=freqz(b,a2,N);             %频响特性 H2(w)
y2=filter(b,a2,y1);              %y2(n) 是 y1(n) 经 H2(z) 滤波的结果
a3=[1 -B3 -C3];
[H3,w]=freqz(b,a3,N);             %频响特性 H3(w)
H=H1.*H2.*H3;                     %总的频响特性 H(w)=H1(w)H2(w)H3(w)
mag=abs(H);                       %滤波器的幅频特性
db=20*log10((mag+eps)/max(mag));%幅频特性(dB)
y3=filter(b,a3,y2);               %y3(n) 是 y2(n) 经 H3(z) 滤波的结果
X=fft(x,N);                       %对 x(n) 做 N 点 FFT,得其频谱 X
wx=2*pi*(0:N/2-1)/N;              %将坐标轴从频率点 k 转换为数字频率 wx(wx=2*pi*k/N)
%%%绘图%%%
subplot(221);plot(x);grid on;title('x(n)');
subplot(222);plot(wx/pi,abs(X(1:N/2)));grid on;title('|X(wx)|');
subplot(223);plot(w/pi,db);grid on;title('|H(w)|(db)');
subplot(224);plot(y3);grid on;title('y3(n)');
```

IIR 滤波消除心电信号中的噪声如图 5.12 所示。

实验内容：绘出并分析结果图形。

（2）用现有的 MATLAB 函数设计上述 IIR 数字低通滤波器，对实际的心电信号进行滤波，同样绘出（1）的结果图形。

MATLAB 函数具体如下。

（1）根据技术指标 ω_p、ω_s、α_p、α_s 计算巴特沃斯滤波器的阶数 N 和 3dB 截止频率 ω_c

MATLAB 函数：[N,wc]=buttord(wp/pi,ws/pi,ap,as)（注：数字频率以 π 为单位）。

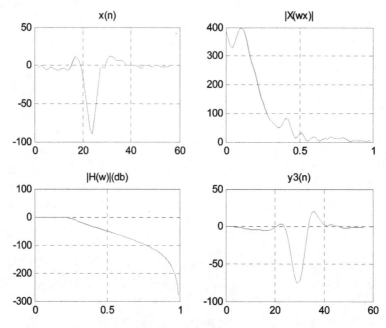

图 5.12　IIR 滤波消除心电信号中的噪声

（2）根据 N、ω_c 确定数字滤波器 $H(z)$ 分子/分母多项式的系数 b、a

低通滤波器可用 MATLAB 函数：[b,a]=butter(N,wc)。

高通滤波器可用 MATLAB 函数：[b,a]=butter(N,wc,'high')。

实验参考程序：

```
%程序 ch5prog14.m
clear
clc
x=[-4,-2,0,-4,-6,-4,-2,-4,-6,-6, ...
  -4, -4, -6, -6,-2,6,12,8,0,-16, ...
  -38,-60,-84,-90,-66,-32,-4, -2, -4, 8, ...
  12, 12, 10, 6, 6, 6, 4, 0, 0, 0, ...
  0, 0, -2, -4, 0, 0, 0, -2, -2, 0, ...
  0, -2, -2, -2, -2, 0];              %心电信号 x(n) [含高频噪声]
wp=0.2*pi;ws=0.3*pi;ap=1;as=15;       %低通滤波器技术指标
N=128;
[N1,wc]=buttord(wp/pi,ws/pi,ap,as)    %_____
[b,a]=butter(N1,wc)                   %_____
[H,w]=freqz(b,a,N);                   %_____
y3=filter(b,a,x);                     %_____
mag=abs(H);                           %_____
db=20*log10((mag+eps)/max(mag));%幅频特性 (dB)
X=fft(x,N);                           %_____
```

```
wx=2*pi*(0:N/2-1)/N;                    %_____
%%%绘图%%%
subplot(221);plot(x);grid on;title('x(n)');
subplot(222);plot(wx/pi,abs(X(1:N/2)));grid on;title('|X(wx)|');
subplot(223);plot(w/pi,db);grid on;title('|H(w)|(db)');
subplot(224);plot(y3);grid on;title('y3(n)');
```

实验内容：

（1）在%后的横线上填入注释。

（2）运行上述程序，在命令窗口中读出滤波器的阶数 N=_____，3dB 截止频率 wc=_____，b=_____，a=_____。

（3）修改 as=50，得 N=_____，wc=_____，b=_____，a=_____。

2. 设计数字低通滤波器，并消除音乐信号中的啸叫噪声

文件"yinyue.wav"是含有啸叫噪声的音乐信号，首先对其进行谱分析，观察信号和噪声的频带范围，再设计适当的 IIR 数字低通滤波器对其进行消噪处理从而恢复原信号，将结果存入音乐文件"yinyuexiaozao.wav"，并用耳机监听消噪前后的音乐信号。

实验参考程序：

```
%程序:ch5prog15.m
clear
clc
N1=81920;                    %做 FFT 的点数
y1=wavread('yinyue.wav');    %读入含噪音乐信号
sound(y1)                    %播放 y1
pause(5)                     %暂停 5s
y1=y1*6;
Y1=fft(y1,N1);              %_____
PSD1=Y1.*conj(Y1)/N1;      %_____
fs=8192;
f=8192/N1*(0:N1/2-1);      %_____
%%%绘图%%%
subplot(221);plot(real(y1));grid on;
subplot(222);plot(f,PSD1(1:N1/2));axis([0 5000 0 500]);grid on;
```

IIR 滤波消除音乐中的啸叫噪声如图 5.13 所示。

实验内容：

（1）运行上述程序，绘出结果波形并监听含噪声的音乐信号。

（2）从图 5.13 的第 2 张子图可见，音乐信号的频带范围为_____Hz，啸叫噪声的频率为_____Hz。

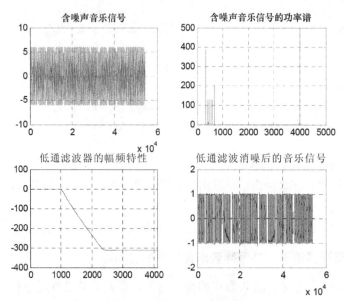

图 5.13　IIR 滤波消除音乐中的啸叫噪声

（3）根据下面%后的注释要求编写程序，将这些程序连在上述程序之后。

```
%%IIR 低通滤波器%%
fp=_____;                                    %通带截止频率 fp=1000Hz
fs1=_____;                                    %阻带截止频率 fs1=1200Hz
wp=2*pi*fp/fs;                                       %化为数字频率 wp 和 ws
ws=_____;
Rp=_____;As=_____;                              %Rp=1dB,As=50dB
[N,wn]=_____;
%根据技术指标计算巴特沃斯滤波器的阶数 N 和 3dB 截止频率 ωc
[b,a]=_____;
%根据 N,ωc 确定数字滤波器 H(z)分子/分母多项式的系数 b,a
%%%%%%%%%%%%%%%%%
[H,w]=freqz(b,a,fs,'whole');                         %频响特性 H(w)
mag=_____;                                    %幅频特性
db=_____;                              %幅频特性（以 dB 为单位)
y=_____;                         %用所设计的滤波器对 y1 进行低通滤波消噪,得 y
%%%%绘图%%%%
subplot(223);plot(w*fs/(2*pi),db);axis([0 fs/2 -400 100]);grid on;
subplot(224);plot(real(y));grid on;
sound(real(y))                                        %播放 y
wavwrite(real(y),'yinyuexiaozao.wav');               %将结果存入音乐文件:"yinyuexiaozao.wav"
```
（4）绘出结果波形并监听已消噪的音乐信号。

3. 设计数字低通/高通滤波器，并进行 DTMF 信号的频带分离

DTMF（双音多频）信号是按键电话拨号音，其中"2"键由下列低频音和高频音构成：
$x(n)=\sin(2\pi f_1/f_s \times n)+\sin(2\pi f_2/f_s \times n)$（$n=0\sim1599$），$f_1=697$Hz，$f_2=1336$Hz，采样频率 $f_s=8000$Hz。

实验内容：

编写程序 ch5prog16.m，完成以下功能，列出程序清单。

（1）产生 $x(n)$ 并绘图，用"sound"语句播放 $x(n)$，用耳机监听，并将 $x(n)$ 存入音乐文件"DTMF2.wav"。

（2）设计适当的低通滤波器和高通滤波器对 $x(n)$ 进行滤波，将低频音和高频音分离，画出低通滤波器和高通滤波器的幅频特性。

（3）设滤波分离后的信号是 $x_1(n)$ 与 $x_2(n)$，画出 $x_1(n)$ 和 $x_2(n)$，并分别将它们分别存入音乐文件"DTMFdi.wav"和"DTMFgao.wav"，用耳机监听这两种声音。

三、实验要求

1. 简述实验目的。

2. 预习实验原理。

3. 实验结果及分析。包括注明程序注释、画出实验运行结果波形、回答实验中提出的问题，如果有程序设计要求，那么请列出程序清单并简要叙述程序调试过程。

实验 6　FIR 数字滤波器设计

实验目的：本实验包含 3 个实验子项目，通过 MATLAB 编程仿真，掌握 FIR 数字滤波器的设计方法，包括以下几点。

1. 掌握用窗函数法设计 FIR 数字滤波器的方法，并了解各种窗函数对滤波特性的影响。
2. 熟悉线性相位滤波器的特点。
3. 掌握用频率采样法设计 FIR 数字滤波器的方法。
4. 熟悉 FIR 数字滤波器的应用实例。

6.1　窗函数法设计 FIR 数字滤波器

一、实验原理

1. 窗函数法设计 FIR 数字滤波器

（1）根据技术指标设计线性相位的理想低通滤波器 $h_d(n)$

$$h_d(n) = \frac{\sin[\omega_c(n-\tau)]}{\pi(n-\tau)} \tag{6.1}$$

式中，$\omega_c = (\omega_p + \omega_s)/2$ 是 $h_d(n)$ 的截止频率，$\tau = (N-1)/2$ 是 $h_d(n)$ 的对称中心，N 是 $h_d(n)$ 的阶数。

（2）根据阻带最小衰减 α_s 选择适当的窗函数，对 $h_d(n)$ 进行加窗处理，得到实际 FIR 数字滤波器的单位脉冲响应 $h(n) = h_d(n)w(n)$，其中，$w(n)$ 是窗函数。常用的窗函数有矩形窗、三角窗、汉宁窗、哈明窗、布莱克曼窗、凯塞窗等。

MATLAB 函数如下。

① 矩形窗：w=boxcar(N)

其中，N 是窗函数的长度，w 是窗函数 w(n)。

② 三角窗：w=bartlett(N)

③ 汉宁窗：w=hanning(N)

④ 哈明窗：w=hamming(N)

⑤ 布莱克曼窗：w=blackman(N)

⑥ 凯塞窗：w=kaiser(N,beta)

其中，beta 是凯塞窗的调整参数。

2. 高通/带通/带阻 FIR 数字滤波器的设计

（1）理想高通 FIR 数字滤波器

$$h_d(n) = \frac{\sin[\pi(n-\tau)]}{\pi(n-\tau)} - \frac{\sin[\omega_c(n-\tau)]}{\pi(n-\tau)} \tag{6.2}$$

（2）理想带通 FIR 数字滤波器

$$h_{\mathrm{d}}(n)=\frac{\sin[\omega_{c2}(n-\tau)]}{\pi(n-\tau)}-\frac{\sin[\omega_{c1}(n-\tau)]}{\pi(n-\tau)} \tag{6.3}$$

式中，$\omega_{c1}=(\omega_{p1}+\omega_{s1})/2$、$\omega_{c2}=(\omega_{p2}+\omega_{s2})/2$ 是带通滤波器 $h_{\mathrm{d}}(n)$的截止频率。

（3）理想带阻 FIR 数字滤波器

$$h_{\mathrm{d}}(n)=\frac{\sin[\pi(n-\tau)]}{\pi(n-\tau)}-\left\{\frac{\sin[\omega_{c2}(n-\tau)]}{\pi(n-\tau)}-\frac{\sin[\omega_{c1}(n-\tau)]}{\pi(n-\tau)}\right\} \tag{6.4}$$

3．线性相位滤波器

（1）第一类线性相位滤波器

$$\begin{cases}\theta(\omega)=-\omega\tau & \tau=(N-1)/2 \\ h(n)=h(n-N-1) & 0\leqslant n\leqslant N-1\end{cases} \tag{6.5}$$

（2）第二类线性相位滤波器

$$\begin{cases}\theta(\omega)=-\omega\tau-\dfrac{\pi}{2} & \tau=(N-1)/2 \\ h(n)=-h(n-N-1) & 0\leqslant n\leqslant N-1\end{cases} \tag{6.6}$$

4．FIR 滤波的实现方法

FIR 滤波的输出是滤波器输入信号与滤波器单位脉冲响应的卷积，即

$$y(n)=x(n)*h(n) \tag{6.7}$$

式中，$x(n)$是输入信号，$h(n)$是 FIR 数字滤波器的单位脉冲响应。

实现 FIR 滤波可用 MATLAB 函数 y=conv(x,h)或 y=filter(h,1,x)，其中，x 是输入信号，h 是 FIR 数字滤波器的单位脉冲响应 $h(n)$，y 是输出信号。

二、实验环境

1．计算机 1 台。

2．Windows 7 或以上版本操作系统。

3．MATLAB 7.0 或以上版本软件。

三、实验参考和实验内容

1．窗函数法设计 FIR 数字低通滤波器

采用窗函数法设计一个线性相位低通滤波器，通带截止频率 ω_{p}=0.3πrad，阻带截止频率 ω_{s}=0.5πrad，要求阻带衰减 α_{s}=40dB，选择适当的窗函数及长度，求滤波器的单位脉冲响应 $h(n)$。

理论分析：由于阻带衰减 α_{s}=40dB，因此可选择汉宁窗、哈明窗、布莱克曼窗。

实验参考程序：

```
%ch6prog1.m
clear
clc
wp=0.3*pi;ws=0.5*pi;        %滤波器通带及阻带截止频率
tr=ws-wp;                   %过渡带宽 tr
```

```
N=ceil(8*pi/tr)+1              %滤波器的点数（阶数）N
n=[0:1:N-1];
wc=(ws+wp)/2;                  %hd(n)的截止频率wc
m=n-(N-1)/2+eps;
hd=sin(wc*m)./(pi*m);          %理想低通滤波器hd(n)
wn=(0.5-0.5*cos(2*pi*n/(N-1)));    %窗函数（汉宁窗）
h=hd.*wn;                      %加窗处理,设计FIR数字滤波器的单位脉冲响应
h(n)
[H,w]=freqz(h,[1],1000,'whole');   %h(n)的频率响应H(w)
mag=abs(H);
db=20*log10((mag+eps)/max(mag));   %h(n)的幅频特性(dB)
delta_w=2*pi/1000;
ap=-(min(db(1:1:wp/delta_w+1)))    %技术指标验证ap,as
as=-round(max(db(ws/delta_w+1:1:501)))
figure(1)                      %绘图
subplot(221);stem(n,hd,'.');grid on;title('hd(n)');
subplot(222);stem(n,wn,'.');grid on;title('汉宁窗');
subplot(223);stem(n,h,'.');grid on;title('h(n)');
subplot(224);plot(w(1:501)/pi,db(1:501));grid on;title('H(w)');
```

用窗函数法设计的 FIR 数字低通滤波器的波形如图 6.1 所示。

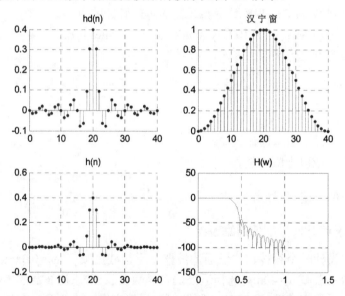

图 6.1　用窗函数法设计的 FIR 数字低通滤波器的波形

实验内容：

（1）运行程序，画出理想数字低通滤波器 hd(n)、汉宁窗、h(n)及其幅频特性 H(w)的波形。

（2）观察 hd(n)与 h(n)，这两个波形有何不同？在程序中添加语句，画出 hd(n)的幅频特性 Hd(w)，比较 Hd(w)与 H(w)波形有何不同（提示：Hd(w)其实是理想数字低通滤波器加矩形窗的结果）。

（3）在命令窗口中读出滤波器实际的通带衰减 ap 及阻带衰减 as，是否符合设计指标要求？

（4）在程序中修改 N 的表达式，并将窗函数改为哈明窗及布莱克曼窗，重新运行程序，问此时滤波器实际的阻带衰减 as 是多少？由此得出什么结论？

2．窗函数法设计 FIR 数字高通/带通/带阻滤波器

1）FIR 数字高通滤波器的设计

用窗函数法设计一个线性相位数字高通滤波器，通带截止频率 $\omega_p=0.5\pi\mathrm{rad}$，阻带截止频率 $\omega_s=0.3\pi\mathrm{rad}$，要求阻带衰减 $\alpha_s=50\mathrm{dB}$，选择哈明窗，求滤波器的单位脉冲响应 $h(n)$。

理论分析： 高通滤波器＝全通滤波器−低通滤波器，可根据式（6.2）设计其 $h(n)$。

窗函数法设计 FIR 数字高通滤波器如图 6.2 所示。

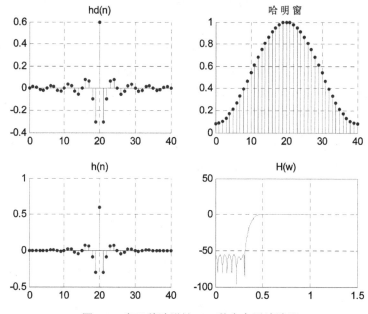

图 6.2　窗函数法设计 FIR 数字高通滤波器

实验内容：

（1）编写程序 ch6prog2.m，设计此 FIR 数字高通滤波器，画出其理想低通滤波器 hd(n)、哈明窗、h(n) 及其幅频特性 H(w) 的波形，并列出程序清单。

（2）在命令窗口中读出滤波器实际的通带衰减 ap 及阻带衰减 as，是否符合设计指标要求？

2）FIR 数字带通滤波器的设计

用窗函数法设计一个线性相位数字带通滤波器，通带截止频率 $\omega_{p1}=0.35\pi\mathrm{rad}$、$\omega_{p2}=0.65\pi\mathrm{rad}$，阻带截止频率 $\omega_{s1}=0.2\pi\mathrm{rad}$、$\omega_{s2}=0.8\pi\mathrm{rad}$，要求阻带衰减 $\alpha_s=60\mathrm{dB}$，选择布莱克曼窗，求滤波器的单位脉冲响应 $h(n)$。

理论分析： 带通滤波器＝低通滤波器 2−低通滤波器 1，可根据式（6.3）设计其 $h(n)$。

实验参考程序：

```
%ch6prog3.m
clear
clc
```

```
wp1=0.35*pi;wp2=0.65*pi;
ws1=0.2*pi;ws2=0.8*pi;                          %_____
tr=min((wp1-ws1),(ws2-wp2));                    %_____
N=ceil(11*pi/tr)+1                              %_____
n=[0:1:N-1];
wc1=(ws1+wp1)/2;
wc2=(ws2+wp2)/2;
m=n-(N-1)/2+eps;
hd=sin(wc2*m)./(pi*m)-sin(wc1*m)./(pi*m);       %_____
wn=blackman(N)';                                %_____
h=hd.*wn;                                        %_____
[H,w]=freqz(h,[1],1000,'whole');                %_____
mag=abs(H);
db=20*log10((mag+eps)/max(mag));                %_____
%%%绘图%%%
figure(1)                                       %绘图
subplot(221);stem(n,hd,'.');grid on;title('hd(n)');
subplot(222);stem(n,wn,'.');grid on;title('布莱克曼窗');
subplot(223);stem(n,h,'.');grid on;title('h(n)');
subplot(224);plot(w(1:501)/pi,db(1:501));grid on;title('H(w)');
```

窗函数法设计 FIR 数字带通滤波器如图 6.3 所示。

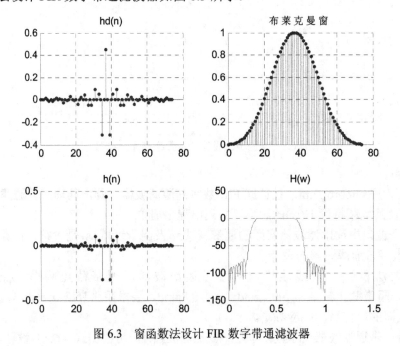

图 6.3　窗函数法设计 FIR 数字带通滤波器

实验内容：

（1）在%后的横线上填入注释。

（2）运行程序，画出理想带通滤波器 hd(n)、布莱克曼窗、h(n)及其幅频特性 H(w)的波形。

（3）观察 H(w)的幅频特性，从中读出带通滤波器实际的阻带衰减 as，所设计的滤波器是否符合设计指标要求？

3）FIR 数字带阻滤波器的设计

采用窗函数法设计一个线性相位数字带阻滤波器，阻带截止频率 $\omega_{s1}=0.35\pi$rad、$\omega_{s2}=0.65\pi$rad，通带截止频率 $\omega_{p1}=0.2\pi$rad、$\omega_{p2}=0.8\pi$rad，要求阻带衰减 $\alpha_s=60$dB，选择布莱克曼窗，求滤波器的单位脉冲响应 $h(n)$。

理论分析：带阻滤波器=全通滤波器−(低通滤波器 2−低通滤波器 1)，可根据式（6.4）设计 $h(n)$。

窗函数法设计 FIR 数字带阻滤波器如图 6.4 所示。

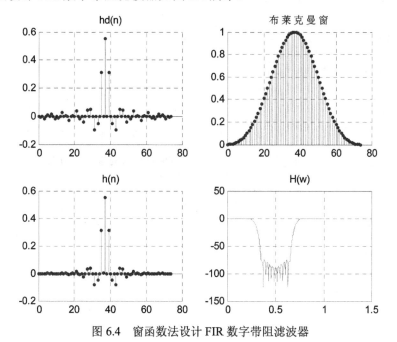

图 6.4　窗函数法设计 FIR 数字带阻滤波器

实验内容：

（1）编写程序 ch6prog4.m，设计此 FIR 数字带阻滤波器，画出其理想低通滤波器 hd(n)、布莱克曼窗、h(n)及其幅频特性 H(w)的波形，并列出程序清单。

（2）观察 H(w)的幅频特性，从中读出数字带阻滤波器实际的阻带衰减 as，所设计的滤波器是否符合设计指标要求？

3. 线性相位 FIR 数字滤波器的特点

设一个 FIR 数字滤波器的单位脉冲响应 $h(n)=\{1, 0, 9, 0, 0.9, 1\}/6$，画出 $h(n)$、幅频特性函数 $H(\omega)$、相位特性函数 $\varphi(\omega)$ 和零极点分布图。

实验参考程序：

```
clear
clc
h=[1 0.9 0 0.9 1]/6;          %_____
n=0:length(h)-1;
```

```
N=256;
[H,w]=freqz(h,1,N,'whole');        %_____
subplot(221);stem(n,h,'.');grid on;title('h(n)');
subplot(222);plot(w/pi, abs(H));grid on;title('H(w)');      %_____
subplot(223);plot(w/pi,angle(H));grid on;title('phi(w)');  %_____

subplot(224);zplane(h,1);title('FIR 滤波器的零极点分布图');
```

线性相位 FIR 数字滤波器的波形如图 6.5 所示。

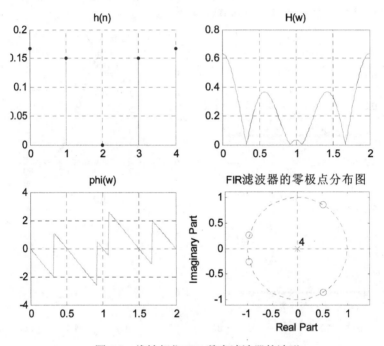

图 6.5　线性相位 FIR 数字滤波器的波形

实验内容：

（1）在%后的横线上填入注释。

（2）运行程序，画出 $h(n)$、$H(\omega)$、$\varphi(\omega)$ 及该滤波器的零极点分布图。

（3）观察 $h(n)$ 波形，$h(n)$ 有对称性吗？若有，则对称中心 τ 是多少？τ 与 $h(n)$ 的阶数有何关系？

（4）观察 $H(\omega)$ 波形，$H(\omega)$ 有对称性吗？若有，则 $H(\omega)$ 关于多少对称？

（5）观察 $\varphi(\omega)$ 波形，$\varphi(\omega)$ 是否是线性相位的？该滤波器的线性相位是第 1 类还是第 2 类？

（6）观察零极点分布图，该滤波器的零点分别是多少？它们之间有何关系？

（7）修改 $h(n)=\{1, 0, 9, -0.9, -1\}/6$，重做（2）～（6）题。

4．FIR 滤波的实现方法

设信号 $x(n)=\sin(2\pi n f_1/f_s)+ \sin(2\pi n f_2/f_s)$（$n=0\sim999$），其中 f_1=75Hz，f_2=300Hz，采样频率 f_s=1000Hz，采用 ch6prog1.m 设计的 FIR 数字低通滤波器对其进行滤波。

实验参考程序：

```
%ch6prog6.m
clear
clc
wp=0.3*pi;ws=0.5*pi;                    %滤波器通带截止频率及阻带截止频率
tr=ws-wp;                               %过渡带宽 tr
N=ceil(8*pi/tr)+1                       %滤波器的点数(阶数)N
n=[0:1:N-1];
wc=(ws+wp)/2;                                   %hd(n)的截止频率 wc
m=n-(N-1)/2+eps;
hd=sin(wc*m)./(pi*m);                           %理想低通滤波器 hd(n)
wn=(0.5-0.5*cos(2*pi*n/(N-1)));                 %窗函数（汉宁窗）
h=hd.*wn;                                       %加窗处理,设计 FIR 数字滤波器的单位脉冲响应 h(n)
[H,w]=freqz(h,[1],1000,'whole');                %h(n)的频率响应 H(w)
mag=abs(H);
db=20*log10((mag+eps)/max(mag));                %h(n)的幅频特性(dB)
%%%%%%%%%%%%%%%%%%%
f1=50;f2=300;fs=1000;N=1000;n=0:N-1;    %_____
x=sin(2*pi*f1*n/fs)+sin(2*pi*f2*n/fs);  %_____
y=filter(h,1,x);                        %_____
N1=1024;
X=fft(x,N1);                            %_____
Y=fft(y,N1);
f=fs/N1*(0:N1/2-1);                     %_____
subplot(321);plot(x);axis([0 200 -2 2]);title('x(n)');grid on;
subplot(322);plot(f,abs(X(1:N1/2)));title('x(n)的幅频谱');grid on;
subplot(323);stem(h,'.');grid on;title('h(n)');
subplot(324);plot(w(1:501)/pi,db(1:501));grid on;title('H(w)');
subplot(325);plot(y);axis([0 200 -2 2]);title('低通滤波后的信号 y(n)');grid on;
subplot(326);plot(f,abs(Y(1:N1/2)));title('y(n)的幅频谱');grid on;
```

实验内容：

（1）在%后的横线上填入注释。

（2）运行此程序，分别画出 x(n)、y(n) 及其幅频谱，以及低通滤波器 h(n) 及幅频特性。

（3）该 FIR 数字滤波器的阶数 N 是多少？与实验 5 中的程序 ch5prog12.m 所设计的相同技术指标的 IIR 数字低通滤波器相比，哪个滤波器的阶数更高？由此可得出什么结论？

四、实验要求

1. 简述实验目的。

2. 预习实验原理。

3. 实验结果及分析。包括注明程序注释、画出实验运行结果波形、回答实验中提出的问题，如果有程序设计要求，那么请列出程序清单并简要叙述程序调试过程。

6.2 频率采样法设计 FIR 数字滤波器

一、实验原理

1. 频率采样法设计 FIR 数字滤波器

频率采样法可设计任意形状频率响应特性曲线的 FIR 数字滤波器，设计步骤如下。

（1）根据阻带最小衰减 α_s，选择过渡带采样点的个数 m。m 与 α_s 的经验数据如表 6.1 所示。

表 6.1 m 与 α_s 的经验数据

m	1	2	3
α_s	44～54dB	65～75dB	85～95dB

（2）确定过渡带宽 ΔB，估算滤波器长度 N。

$$N \geqslant 2\pi(m+1)/\Delta B \tag{6.8}$$

式中，ΔB 是过渡带宽，m 是过渡带采样点。

（3）频率采样。

$$H(k) = H_d(\mathrm{e}^{\mathrm{j}\omega}) \Big|_{\omega = \frac{2\pi}{N}k} \tag{6.9}$$

式中，$H(k)$ 是频率采样；$H_d(\mathrm{e}^{\mathrm{j}\omega}) = H_{dg}(\omega)\mathrm{e}^{-\mathrm{j}\frac{(N-1)}{2}\omega}$ 是构造希望逼近的频率响应函数，在设计标准型片断常数特性的滤波器时，一般构造 $H_{dg}(\omega)$ 为理想滤波器的频率响应特性。

在设计线性相位滤波器时，$H(k)$ 的设置原则为

$$H(k) = H_d(\mathrm{e}^{\mathrm{j}\omega}) \Big|_{\omega = \frac{2\pi}{N}k} = A(k)\mathrm{e}^{\mathrm{j}\theta(k)} \quad (k = 0 \sim N-1) \tag{6.10}$$

式中，$A(k)$ 是幅度采样，$\theta(k)$ 是相位采样。

（1）第 1 类线性相位
若满足 $h(n) = h(N-1-n)$，则

$$\theta(k) = -\frac{(N-1)}{N}\pi k, \quad A(k) = A(N-k) \ (N \text{ 为奇数}), \quad A(k) = -A(N-k) \ (N \text{ 为偶数}) \tag{6.11}$$

（2）第 2 类线性相位
若满足 $h(n) = -h(N-1-n)$，则

$$\theta(k) = -\frac{\pi}{2} - \frac{(N-1)}{N}\pi k, \quad A(k) = -A(N-k) \ (N \text{ 为奇数}), \quad A(k) = A(N-k) \ (N \text{ 为偶数}) \tag{6.12}$$

加入过渡带采样点，采样值可设置为经验值或者用累试法确定，也可采用优化算法进行估算，则滤波器的单位脉冲响应为

$$h(n) = \mathrm{IDFT}[H(k)] = \frac{1}{N}\sum_{k=0}^{N-1} H(k)W_N^{kn} \quad (n = 0, 1, \cdots, N-1) \tag{6.13}$$

2. 逼近误差的改进措施

检验设计结果，若阻带最小衰减 α_s 未达到技术指标的要求，则采用累试法改变过渡带

采样值，直到达到技术指标为止。若滤波器边界频率未达到要求，则需微调 $H_{dg}(\omega)$ 的边界频率。

二、实验环境

1. 计算机 1 台。
2. Windows 7 或以上版本操作系统。
3. MATLAB 7.0 或以上版本软件。

三、实验参考和实验内容

1）用频率采样法设计一个第 1 类线性相位数字低通滤波器，通带截止频率 $\omega_p=\pi/3$rad，阻带最小衰减 $\alpha_s=40$dB，过渡带宽 $\Delta B\leqslant\pi/16$rad。

理论分析：由于 $\alpha_s=40$dB，查阅相关表格得过渡带采样点数 $m=1$，根据式（6.8）计算滤波器长度 N，则 $N\geqslant2\pi(m+1)/\Delta B\approx64$，一般取 N 为奇数，设 $N=65$，构造 $H_d(e^{j\omega})$ 为理想数字低通滤波器频响特性。由于是第 1 类线性相位，N 为奇数，因此 $A(k)=A(N-k)$，$\theta(k)=-(N-1)\pi k/N$。

实验参考程序：

```
%ch6prog7.m
clear
clc
as=40;m=1;                          %阻带最小衰减 as 及过渡带点数 m
deltaB=pi/16;                       %过渡带宽
N=2*pi*(m+1)/deltaB;                %滤波器的点数 N（阶数）
N=N+mod(N+1,2);                     %N 调整为奇数
wp=pi/3;ws=wp+deltaB;               %通带截止频率 wp 及阻带截止频率 ws
Np=fix(wp/(2*pi/N))                 %通带的采样点数
Ns=N-2*Np-1;                        %阻带的采样点数
Ak=[ones(1,Np+1) zeros(1,Ns) ones(1,Np)];  %构造 A(k)
T=input('过渡点采样值 T=');          %过渡带采样值 T
Ak(Np+2)=T;Ak(N-Np)=T;             %在 A(k)中加入过渡带采样值
thetak=-pi*(N-1)*(0:N-1)/N;        %相位采样值 thetak
Hk=Ak.*exp(j*thetak);              %构造滤波器频域采样值 H(k)
h=real(ifft(Hk));                  %计算滤波器单位脉冲响应 h(n)
%%%%%%
N1=1024;
Hw=fft(h,1024);
wk=2*pi*(0:N1-1)/1024;
Hgw=Hw.*exp(j*wk*(N-1)/2);          %计算幅度响应函数 Hg(w)
hgmin=min(real(Hgw));              %实际 as 值的验证
as1=20*log10(abs(hgmin))
w=2*pi*(0:N-1)/N;
subplot(221);plot(w/pi,Ak);axis([0 2 0 1.1]);title('理想滤波器幅频特性');
subplot(222);stem(0:N-1,Ak,'.');title('理想滤波器幅频特性采样值 A(k)');
```

```
subplot(223);stem(0:N-1,h,'.');title('滤波器单位脉冲响应 h(n)');
    subplot(224);plot(wk(1:512)/pi,20*log10(abs(Hw(1:512)))); title('实际滤波器
的幅频特性');
```

实验内容：

（1）设过渡带采样值 $T=0.38\pi$rad，运行程序，画出理想数字低通滤波器的幅频特性、幅频特性采样值 $A(k)$、单位脉冲响应 $h(n)$、实际滤波器的幅频特性。

（2）当 $T=0.1\pi$rad、0.2πrad、0.3πrad、0.38πrad、0.4πrad、0.5πrad 时，α_s 分别是多少分贝？当 T 取多少时符合技术指标的要求？

（3）在程序中添加语句，画出相位采样值 thetak 的波形。

用频率采样法设计的 FIR 数字低通滤波器的波形如图 6.6 所示。

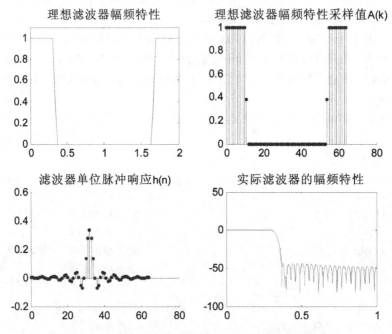

图 6.6 用频率采样法设计的 FIR 数字低通滤波器的波形

2）用频率采样法设计一个第 1 类线性相位数字高通滤波器，通带截止频率 $\omega_p=\pi/3$rad，阻带最小衰减 $\alpha_s=40$dB，过渡带宽 $\Delta B \leqslant \pi/16$rad。

用频率采样法设计的 FIR 数字高通滤波器的波形如图 6.7 所示。

实验内容：

（1）设计程序 ch6prog8.m，列出程序清单。

（2）设过渡带采样值 $T=0.38\pi$rad，运行程序，画出理想数字高通滤波器的幅频特性、幅频特性采样值 $A(k)$、单位脉冲响应 $h(n)$、实际滤波器的幅频特性。

（3）当 $T=0.1\pi$rad、0.2πrad、0.3πrad、0.38πrad、0.4πrad、0.5πrad 时，α_s 分别等于多少分贝？当 T 取多少时符合技术指标的要求？

（4）在程序中添加语句，画出相位采样值 thetak 的波形。

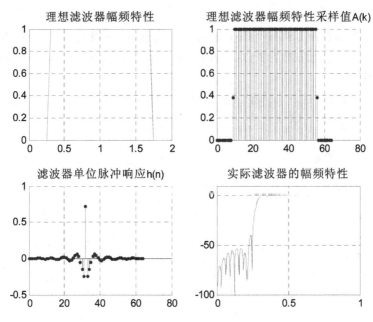

图 6.7　用频率采样法设计的 FIR 数字高通滤波器的波形

四、实验要求

1. 简述实验目的。
2. 预习实验原理。
3. 实验结果及分析。包括注明程序注释、画出实验运行结果波形、回答实验中提出的问题，如果有程序设计要求，那么请列出程序清单并简要叙述程序调试过程。

6.3　FIR 数字滤波器的应用实例

一、实验环境

1. 计算机 1 台。
2. Windows 7 或以上版本操作系统。
3. MATLAB 7.0 或以上版本软件。

二、实验参考和实验内容

1. 设计 FIR 数字滤波器，消除心电信号中的干扰

人体心电信号在测量过程中往往会受到工业高频干扰，必须经过低通滤波处理后才能作为判断心脏功能的有用信息。给出一实际心电信号采样序列样本 $x(n)$，其中存在高频干扰。试以 $x(n)$ 作为输入序列，用窗函数法设计一个 FIR 数字低通滤波器，滤除其中的干扰成分。$x(n)$ = {−4, −2, 0, −4, −6, −4, −2, −4, −6, −6, −4, −4, −6, −6, −2, 6, 12, 8, 0, −16, −38, −60, −84, −90, −66, −32, −4, −2, −4, 8, 12, 12, 10, 6, 6, 6, 4, 0, 0, 0, 0, 0, −2, −4, 0, 0, 0, −2, −2, 0, 0, −2, −2, −2, −2, 0}。

低通滤波器设计指标：ω_p=0.2πrad，ω_s=0.3πrad，α_p=1dB，α_s=50dB。

选哈明窗，即 $w(n)=[0.54-0.46\cos(2\pi n/(N-1))]R_N(n)$。FIR 滤波的 MATLAB 语句为 y=conv(h,x)，其中，h 是滤波器的单位脉冲响应 $h(n)$，x 是输入信号 $x(n)$，y 是输出信号 $y(n)$。

实验参考程序：

```
%ch6prog9.m：用 FIR 数字低通滤波器对实际的心电信号进行滤波
clear
clc
wp=0.2*pi;ws=0.3*pi;                    %_____
tr=ws-wp;                              %_____
N=ceil(8*pi/tr)+1                      %_____
n=[0:1:N-1];
wc=(ws+wp)/2;                          %_____
m=n-(N-1)/2+eps;
hd=sin(wc*m)./(pi*m);                  %_____
w_ham=(0.54-0.46*cos(2*pi*n/(N-1)));   %_____
h=hd.*w_ham;                           %_____
[H,w]=freqz(h,[1],1000,'whole');       %_____
mag=abs(H);
db=20*log10((mag+eps)/max(mag));       %_____
delta_w=2*pi/1000;
ap=-(min(db(1:1:wp/delta_w+1)))        %技术指标验证 ap,as
As=-round(max(db(ws/delta_w+1:1:501)))
%%%绘图%%%
subplot(421);stem(n,hd,'.');grid on;title('hd(n)');
subplot(422);stem(n,w_ham,'.');grid on;title('哈明窗 w_ham(n)');
subplot(423);stem(n,h,'.');grid on;title('h(n)');
subplot(424);plot(w(1:501)/pi,db(1:501));grid on;title('H(w)');
%%%%%%%%%
x=[-4,-2,0,-4,-6,-4,-2,-4,-6,-6, ...
   -4, -4, -6, -6,-2,6,12,8,0,-16, ...
   -38,-60,-84,-90,-66,-32,-4, -2, -4, 8, ...
   12, 12, 10, 6, 6, 6, 4, 0, 0, 0, ...
   0, 0, -2, -4, 0, 0, 0, -2, -2, 0, ...
0, -2, -2, -2, -2, 0];% 含噪的 ECG 信号
y=conv(x,h);                           %_____
X=fft(x,128);                          %_____
Y=fft(y,128);                          %_____
wx=2*pi*(0:N/2-1)/N;                   %_____
%%%绘图%%%
subplot(425);plot(x);axis([0 60 -100 20]);grid on;title('x(n)');
subplot(426);stem(wx/pi,abs(X(1:N/2)),'.');grid on;title('|X(w)|');
subplot(427);plot(y);axis([(N-1)/2      (N-1)/2+60      -100      20]);grid
```

```
on;title('y(n)');
    subplot(428);stem(wx/pi,abs(Y(1:N/2)),'.');grid on;title('|Y(w)|');
```

实验内容：

（1）在%后的横线上填入注释。

（2）运行程序，绘出结果图形，并观察程序运行结果中第 2 张图的第 1 张子图和第 3 张子图，y(n)和 x(n)相比，延迟多少个点？

（3）在命令窗口中读出：该滤波器阶数 N=_____，实际的 ap=_____，实际的 as=_____。可见，在设计相同技术指标的滤波器时，FIR 数字滤波器的阶数_____IIR 数字滤波器的阶数。

（4）修改窗函数为汉宁窗，得滤波器阶数 N=_____，实际的 ap=_____，实际的 as=_____。

用 FIR 数字低通滤波器消除心电信号中的干扰如图 6.8 所示。

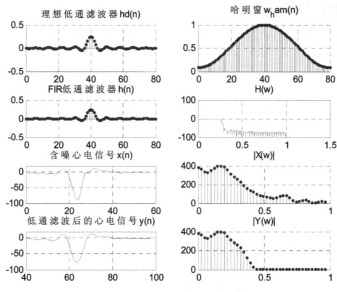

图 6.8　用 FIR 数字低通滤波器消除心电信号中的干扰

2．设计 FIR 数字低通滤波器，对含噪音乐信号进行消噪

文件"noisy.wav"是含有高频噪声的音乐信号，首先对其进行谱分析，观察信号和噪声的频带范围，再设计适当的 FIR 数字低通滤波器对其进行消噪处理来恢复原信号，将结果存入音乐文件"FIRxiaozao.wav"，并用耳机监听消噪前后的音乐信号。

实验参考程序：

```
%程序：ch6prog10.m
clear
clc
fs=16000;
x=wavread('noisy.wav');  %读入声音含噪音乐文件到 x
Nx=length(x);
n=0:Nx-1;
```

```
Ts=1/fs;
t=n*Ts;
L=ceil(log2(Nx));
N=2^L;
X=fft(x,N);                    %对 x 做频谱 X
f=fs/N*(0:N/2-1);
subplot(421);plot(t,x);       %画 x
subplot(422);plot(f,abs(X(1:N/2)));%画|X(f)|(N/2 点)
```

实验内容：

（1）运行上述程序，绘出结果波形并监听含噪音乐信号。

用 FIR 数字低通滤波器消除音乐信号中的噪声干扰如图 6.9 所示。

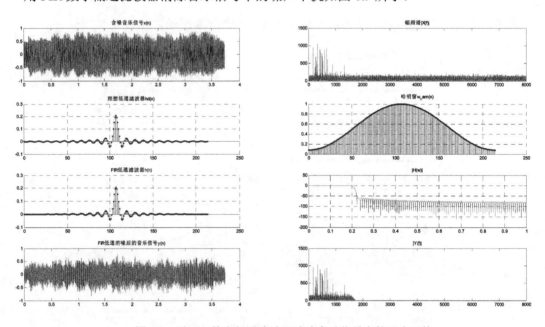

图 6.9　用 FIR 数字低通滤波器消除音乐信号中的噪声干扰

（2）观察图形可见，音乐信号的频带范围为_____Hz，噪声主要频带为_____Hz。

（3）根据%后的要求编写程序，将这些程序连在上述程序之后。

```
%%%%%%FIR 数字低通滤波器%%%%
fp=_____;                    %通带截止频率 fp=1500Hz
fs1=_____;                   %阻带截止频率为 fs1=1800Hz
wp=2*pi*fp/fs;                     %技术指标 wp 和 ws1
ws1=2*pi*fs1/fs;
tr=_____;                    %过渡带 tr=ws1-wp
NFIR= _____;                 %滤波器的阶数 NFIR
n=[0:1:NFIR-1];                    %滤波器的时间范围 n
wc=_____;                    %理想低通滤波器的截止频率
m=_____;                     %m=n-(NFIR-1)/2+eps;
hd=_____;                    %理想低通滤波器 hd(n)
w_ham=_____;                 %哈明窗
```

```
h=_____;                                    %加哈明窗之后的实际低通滤波器 h(n)
[H,w]=freqz(h,[1],N,'whole');                      %低通滤波器的频响特性
mag=_____;                                   %幅频特性 mag
db=20*log10((mag+eps)/max(mag));                   %幅频特性(dB)
subplot(423);_____;grid on;title('hd(n)');   %画 hd(n)
subplot(424);_____;                          %画哈明窗 w_ham(n)
grid on;title('哈明窗 w_ham(n)');
subplot(425);_____;                          %画 h(n)
grid on;title('h(n)');
subplot(426);plot(w(1:N/2)/pi,db(1:N/2));          %画 db
grid on;title('H(w)');


%%%%%%%%%%%%%%%低通滤波%%%%%%%%%%%%%%%%%%%%
y=_____;                                     %低通滤波消噪 y(n)=x(n)*h(n)
Y=fft(y,N);
ny=0:length(y)-1;
ty=ny*Ts;
subplot(427);plot(ty,y);                           %画 y
subplot(428);plot(f,abs(Y(1:N/2)));                %画|Y(f)|(N/2 点)
%%%%%%%%%%%%%%%%%%%%%%%%%%%%%%%%%%%%%%%%%%
sound(x,fs);                                       %以 fs=16000Hz 播放 x
pause(5)                                           %停顿 5s
sound(y,fs);                                       %以 fs=16000Hz 播放 y
wavwrite(y,'FIRxiaozao.wav');
%将 y 存入声音文件"FIRxiaozao.wav"
%%%%%%%%%%%%%%%%%%%%%%%%%%%%%%%%%%%%%%
```

（4）运行该程序，绘出结果波形并监听已消除部分高频噪声的音乐信号。

3. 文字图像的低通 FIR 滤波

二维低通滤波器可进行图像平滑。用卷积核 $h(m,n)=\dfrac{1}{N\times N}\begin{bmatrix}1&\cdots&1\\\vdots&\ddots&\vdots\\1&\cdots&1\end{bmatrix}$ 对图像 $f(m,n)$ 进行低通

滤波，连接图像中文字的断裂部分。

实验参考程序：

```
%程序：ch6prog11.m
clear
clc
f=imread('ea.jpg');              %读入文字图像 ea.jpg 到二维数组 f
f=double(f);                     %将 f 转换为双精度型
N=11;                            %卷积核的尺寸 N
h=1/(N*N)*ones(N,N);             %卷积核 h
y=imfilter(f,h);                 %用 h 对 f 进行二维低通滤波（平滑），得输出图像 y
H=fft2(h,32,32);                 %对卷积核 h 做二维 FFT
subplot(211);imshow(f,[ ]);      %显示 f
```

```
subplot(223);mesh(abs(fftshift(H)));        %显示 H 的幅频谱
subplot(224);imshow(y,[ ]);                 %显示 y
```

文字图像的低通 FIR 滤波如图 6.10 所示。

文字图像 f

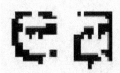

滤波器幅频谱 H　　　　　　　滤波后的图像 g

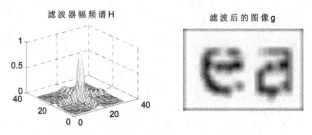

图 6.10　文字图像的低通 FIR 滤波

实验内容：

（1）运行该程序，绘出结果图像及波形。

（2）改变 $N=5$ 或 $N=11$，输出图像有何改变？为什么？

（3）改变卷积核 $h(m,n) = \begin{bmatrix} 1 & 1 & 1 \\ 1 & -8 & 1 \\ 1 & 1 & 1 \end{bmatrix}$，输出图像有何不同？该滤波器的功能是什么？

三、实验要求

1. 简述实验目的。

2. 预习实验原理。

3. 实验结果及分析。包括注明程序注释、画出实验运行结果波形、回答实验中提出的问题，如果有程序设计要求，那么请列出程序清单并简要叙述程序调试过程。

下　篇

数字信号处理课程设计项目

课程设计项目 1 音频/语音信号处理

7.1 音乐信号中的噪声消除

一、课程设计研究背景

音乐信号通常会受到各种噪声的干扰，如啸叫噪声、随机噪声、工频干扰等，使人无法听清音乐信号的旋律，为此可采用各种数字信号处理手段，对含有噪声的音乐信号进行滤波和消噪。

二、课程设计目标要求

含啸叫噪声的音乐信号如图 7.1 所示。本课程设计的目标是：基于 MATLAB 软件设计程序，利用频域置零法、滤波器消噪法及小波消噪法来消除该音乐信号中的啸叫噪声，从而恢复原信号，消噪后的音乐信号如图 7.2 所示。基于上述内容撰写 4000～5000 字的课程设计论文，课程设计论文包含以下内容。

1）题目、摘要、关键词、引言。
2）内容：音乐信号中的噪声消除。
3）包括：理论、程序（含注释）、图形、结果分析。
4）结论、参考文献。

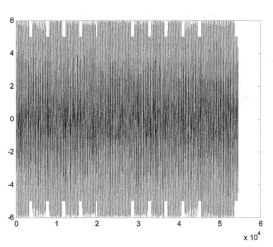

图 7.1 含啸叫噪声的音乐信号   图 7.2 消噪后的音乐信号

三、课程设计内容与参考

设计 MATLAB 程序模块，实现以下功能。

（一）读取文件

读取含有啸叫噪声的音乐信号文件 yinyue.wav，存入变量 y1 中，画出 y1 的波形，并用 MATLAB 函数 sound 监听该音乐信号。

注：音乐信号的采样频率为 f_s=8192Hz。

```
%参考程序：kcsj11.m
clear
clc
N1=81920;                       %做 FFT 的点数
y1=wavread('yinyue.wav');       %读入含噪音乐信号
sound(y1)                       %播放 y1
pause(3)                        %暂停 3s
subplot(221);plot(real(y1));grid on;title('含噪音乐信号 y1(n)');%画 y1(n)
```

设计要求：运行此程序，画出含噪音乐信号 y1 的波形。

（二）音乐噪声消除

1. 频域置零法消噪

（1）对 y1 进行 FFT 分析（N1=81 920 点），得其频谱 $Y_1(k)$，画幅频谱$|Y_1(k)|$（或功率谱 PSD(k)），检测音乐信号和啸叫噪声的频带范围。频域置零法消噪如图 7.3 所示。

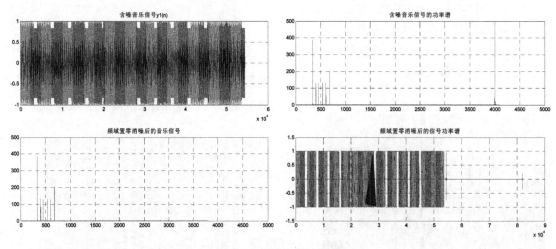

图 7.3　频域置零法消噪

（2）利用频域置零法对频谱进行修正，去除噪声频段。

（3）将修正后的频谱 $Y_1(k)$ 经 IFFT 重构原音乐信号并播放。

```
%参考程序：kcsj11.m（接上一段程序）
y1=y1*6;
Y1=fft(y1,N1);                  %_____
PSD1=Y1.*conj(Y1)/N1;          %_____
fs=8192;
f=8192/N1*(0:N1/2-1);          %
subplot(322);plot(f,PSD1(1:N1/2));axis([0 5000 0 500]);grid on;
```

```
m=input('请选择：1.频域置零法消噪 2.滤波器消噪 3.小波消噪'); %选择消噪方法
switch m
    case 1                          %选择方法 1.频域置零法消噪
        Y1(38000:44000)=0;          %_____
        y11=ifft(Y1,N1);            %_____
        PSD1=Y1.*conj(Y1)/N1;
        subplot(323);plot(f,PSD1(1:N1/2));axis([0 5000 0 500]);grid on;
        subplot(324);plot(real(y11));grid on;  %_____
end
```

设计要求：

（1）在%后的横线上填入注释。

（2）运行此程序，绘出结果波形，啸叫噪声频带和音乐信号频带分别在什么范围内？

2. 滤波器消噪

（1）对 y1 进行 FFT 分析（N1=81 920 点），得其频谱 $Y_1(k)$，画幅频谱$|Y_1(k)|$（或功率谱 PSD(k)），检测音乐信号和啸叫噪声的频带范围。滤波器消噪如图 7.4 所示。

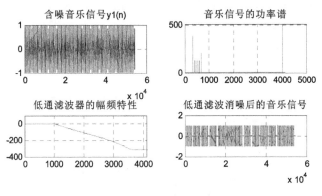

图 7.4　滤波器消噪

（2）根据信号和噪声所在频段的特点，选用适当类型和参数的选频型滤波器（FIR/IIR 数字滤波器均可）对含噪信号 y1 进行时域滤波，保留信号，去除噪声。

注：技术指标通带最大衰减为 α_p=1dB，阻带最小衰减为 α_s=20dB。

```
%参考程序：kcsj11.m(接上一段程序)
case 2
        fp=1000 ;           %通带截止频率 fp=1000Hz
        fs1=1200 ;          %阻带截止频率 fs1=1200Hz
        wp=2*pi*fp/fs;      %化为数字频率 wp 和 ws
        ws=2*pi*fs1/fs;
        Rp=1;  As=20;               %Rp=1dB,As=20dB
        [N,wc]=buttord(wp/pi,ws/pi,Rp,As) ; %_____
        [b,a]=butter(N,wc) ;        %_____
        [H,w]=freqz(b,a,fs,'whole'); %_____
        mag=abs(H);                 %幅频特性
        db=20*log10((mag+eps)/max(mag));    %幅频特性(以 dB 为单位)
```

```
y=filter(b,a,y1);                               %_____
subplot(323);plot(w*fs/(2*pi),db);axis([0 fs/2 -400 100]);grid on;
title('低通滤波器的幅频特性');
subplot(324);plot(real(y));grid on;title('低通滤波消噪后的音乐信号');
```

设计要求：

（1）在%后的横线上填入注释。

（2）运行此程序，绘出结果波形。

（3）该滤波器是 IIR 数字滤波器还是 FIR 数字滤波器？

（4）思考题：试设计一个 FIR 数字滤波器，设 α_s=50dB，消除啸叫噪声，列出程序清单并绘出结果波形。该滤波器选择的窗函数是什么？该滤波器的阶数是多少？

3. 小波消噪

（1）对 y1 进行小波分析（用 db3 小波做 4 级离散小波变换 DWT），得 y1 各级小波变换的逼近系数 $a_1 \sim a_4$ 与细节系数 $d_1 \sim d_4$，画图并检测 DWT 的结果中的哪一级包含啸叫噪声的频带。

（2）利用置零法，将这一级 DWT 的结果置零。

（3）将修正后的 DWT 结果经 IDWT 重构原音乐信号。

小波消噪如图 7.5 所示。

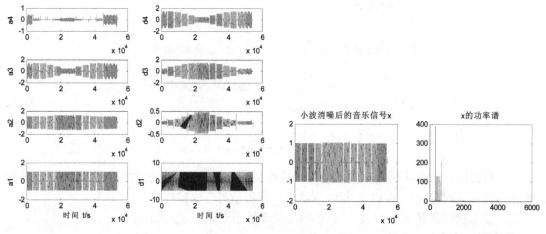

图 7.5   小波消噪

设计要求：

（1）根据要求编写程序，列出程序清单。

```
%参考程序：kcsj11.m(接上一段程序)
case 3
    [c,l]=wavedec(y1,4,'db3');%对信号 y1 做 4 级小波分解，采用 db3 小波
    % 重构第 1～4 层逼近系数
    a4 = wrcoef('a',c,l,'db3',4); a3 = wrcoef('a',c,l,'db3',3);
    a2 = wrcoef('a',c,l,'db3',2); a1 = wrcoef('a',c,l,'db3',1);
    %_____
    figure;
```

```
        subplot(421);plot(a4);ylabel('a4');
subplot(423);plot(a3);ylabel('a3');
        subplot(425);plot(a2);ylabel('a2');
subplot(427);plot(a1);ylabel('a1');
        xlabel('时间 t/s');
        %_____
  d4 = wrcoef('d',c,l,'db3',4); d3 = wrcoef('d',c,l,'db3',3);
        d2 = wrcoef('d',c,l,'db3',2); d1 = wrcoef('d',c,l,'db3',1);
        %显示细节系数
        subplot(422);plot(d4);ylabel('d4');
subplot(424);plot(d3);ylabel('d3');
    subplot(426);plot(d2);ylabel('d2'); subplot(428);plot(d1);ylabel('d1');
    xlabel('时间 t/s');
        c(27247:end)=0;          %频域置零法消噪，将 d1 段置零
        x=waverec(c,l,'db3');    %_____
        X=fft(x,N1);             %_____
        PSD1=X.*conj(X)/N1;      %_____
        figure;
        subplot(221);plot(x);title('小波消噪后的音乐信号 x');  %_____
        subplot(222);plot(f,PSD1(1:N1/2));title('x 的功率谱');%_____
        sound(x)
```

（2）在%后的横线上填入注释。

（3）运行此程序，绘出结果波形。

4. 算法比较与分析

对上述三种算法的消噪结果进行误差分析，并比较各种方法的优点和缺点。

7.2　回音消除

一、课程设计研究背景

回音消除是长途通信系统中的一个重要课题。在电话网络中，当回音的返回时延在 35ms 以上时，回音的存在就会严重影响通话的正常进行，因此，在长途电话网及移动电话网中都应该采取相应的措施来消除回音的影响。

二、课程设计目标要求

基于 MATLAB 软件设计程序，利用逆系统法、LMS 自适应滤波法及同态滤波法消除音乐/语音信号中的回音干扰，从而恢复原信号。基于上述内容撰写 4000～5000 字的课程设计论文，课程设计论文包含以下内容。

1）题目、摘要、关键词、引言。

2）内容：回音消除。

3）包括：理论、程序（含注释）、图形、结果分析。

4）结论、参考文献。

三、课程设计内容与参考

基于 MATLAB 设计回音消除器，具体包括以下内容。

（一）逆系统法

1. 回音的产生

一首乐曲由不同频率的音符或信号组成，一个 8 度音阶的频率范围是 $f_0 \sim 2f_0$。在西洋乐曲中，若按照等间隔对数的原则，则每个 8 度音阶都有 12 个音符。从 f_0 到 $2f_0$ 的音符频率变化与式（7.1）对应

$$f = 2^{k/12} f_0 \qquad k = 0, 1, 2, \cdots, 11 \tag{7.1}$$

12 个音符如下所示（#和 b 分别代表高调和降半调，且括号中的每一对音符都有相同的频率）：A，（A#或 Bb），B，C，（C#或 Db），D，（D#或 Eb），E，F，（F#或 Gb），G，（G#或 Ab）。根据式（7.1）产生的仿真音乐信号波形如图 7.6（a）所示，用 MATLAB 的 sound 函数播放。利用单回音系统 $y(n)=x(n)+ax(n-k)$（k 为延迟时间，a 为衰减因子，设 k=2000，a=0.5）在 $x(n)$ 上叠加回音，波形如图 7.6（b）所示。

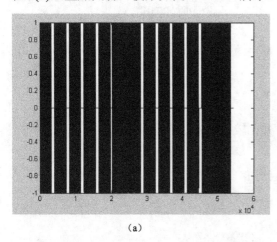
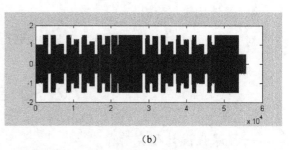

（a） （b）

图 7.6　仿真音乐信号波形和叠加回音后的音乐信号波形

设计要求：

（1）编写程序，根据式（7.1）产生一段仿真音乐信号，并叠加回音。列出程序清单，程序名为 kcsj121.m。

（2）运行此程序，绘出原仿真音乐信号 $x(n)$ 及叠加回音后的音乐信号 $y(n)$ 的波形。

```
%参考程序：kcsj121.m
%1.产生仿真音乐信号
clear
clc
f0=340;d=f0;
f=f0*(2^(3/12));g=f0*(2^(5/12));bf=f0*(2^(8/12));c=f0*(2^(10/12));
d2=2*d;
```

```
ts=1/8192;
t=0:ts:0.4;
s1=0*(0:ts:0.1);s2=0*(0:ts:0.05);
t1=0:ts:1;
d1=sin(2*pi*d*t);
f1=sin(2*pi*f*t);g1=sin(2*pi*g*t);
bf1=sin(2*pi*bf*t);c1=sin(2*pi*c*t);
d11=sin(2*pi*d2*t1);d12=sin(2*pi*d*t1);
asc=[d1 s1 f1 s1 g1 s1 bf1 s1 c1 s2 d11];
dsc=[c1 s1 bf1 s1 g1 s1 f1 s1 d12];
x=[asc s1 dsc s1];
%%%%%%%%%%%%%%%%%%%%%%%
%2.叠加回音　y(n)=x(n)+ax(n-k)　(k=2000,a=0.5)
k=2000;a=0.5;
b1=[1 zeros(1,k-1) a];　%回音产生系统对应的差分方程系数 b1,a1
a1=1;
y=filter(b1,a1,x);　　　 %求解回音产生系统的差分方程
subplot(221);plot(x);　%绘出原仿真音乐信号波形 x
subplot(222);plot(y);　%绘出叠加回音后的音乐信号波形 y
%%%%%%%%%%%%%%%%%%%%%%%
```

2. 逆系统法消除回音

该算法的基本思想：若将回音系统端对端翻转过来，并改变反馈信号的符号，则可得到其逆系统，从而消除仿真音乐信号 $x(n)$ 中的回音。逆系统的框图如图 7.7 所示，该系统对应的差分方程是 $x_1(n)+x_1(n-k)=y(n)$，其中，$y(n)$ 是回音信号，$x_1(n)$ 是消除回音后的信号。

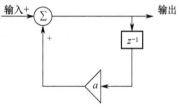

图 7.7　逆系统的框图

设计要求：

（1）编写用逆系统法消除回音的程序，列出程序清单（接上一段程序），并填写程序注释。

```
%参考程序：3.逆系统法消除回音　x1(n)+ax1(n-k)=y(n)　(k=2000,a=0.5)
b2=1;
a2=[1 zeros(1,k-1) a];　　%_____
x1=filter(b2,a2,y);　　　 %_____
subplot(223);plot(x1);　 %_____
```

（2）运行此程序，绘出消除回音后的信号 $x_1(n)$ 的波形，并将 $x_1(n)$ 与 $x(n)$ 比较，观察这两个信号的波形是否相同。

（二）LMS 自适应滤波法

1．基本原理

图 7.8（a）所示为单向传输的声学消回音器（Acoustic Echo Cancellation，AEC）的原理图。图中，$y(n)$ 代表远端输入信号，$r(n)$ 是 $y(n)$ 经回音通道产生的回音，$x(n)$ 是近端语音信号。扬声器信号 $s(n)=x(n)+r(n)$。将接收到的远端输入信号 $y(n)$ 作为参考信号，声学消回音器根据它由自适应滤波器产生回音的估计值 $\hat{r}(n)$，将 $\hat{r}(n)$ 从 $s(n)$ 中减去，得 $u(n)=x(n)+r(n)-\hat{r}(n)$。经消回音处理后残留的回音误差为 $e(n)=r(n)-\hat{r}(n)$，可通过自适应滤波算法来调整滤波系数 $h(n)$，使得滤波器的实际输出接近期望输出，从而实现回音消除。自适应滤波器的结构如图 7.8（b）所示，滤波器输入是 $\boldsymbol{X}(n)=\{x(n),x(n-1),\cdots,x(n-N+1)\}^{\mathrm{T}}$，滤波器权系数是 $\boldsymbol{h}(n)=\{h_1(n),\ h_2(n),\cdots,h_N(n)\}^{\mathrm{T}}$，$d(n)$ 为期望输出信号，$\hat{d}(n)$ 为滤波器的实际输出（也称为估计值），$\hat{d}(n)=\sum_{i=1}^{N}x(n-i+1)h_i(n)$，误差为 $e(n)=d(n)-\hat{d}(n)$。最小均方误差算法（LMS）是使误差 $e(n)$ 的均方值最小的一种用瞬时值估计梯度矢量的方法，即

$$\nabla(n)=\frac{\partial[e^2(n)]}{\partial \boldsymbol{h}(n)}=-2e(n)\boldsymbol{X}(n) \tag{7.2}$$

用 LMS 算法调整滤波器系数的公式为

$$h(n+1)=h(n)+\mu e(n)\boldsymbol{X}(n) \tag{7.3}$$

式中，μ 为步长因子。μ 值越大，算法收敛得越快，但稳态误差也越大；μ 值越小，算法收敛得越慢，但稳态误差也越小。为保证算法稳态收敛，应使 μ 在以下范围内取值

$$0<\mu<\frac{2}{\sum\limits_{i=1}^{N}x(i)^2}$$

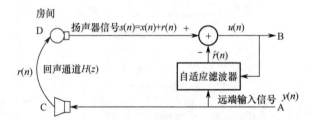

（a）单向传输的声学消回音器的原理图

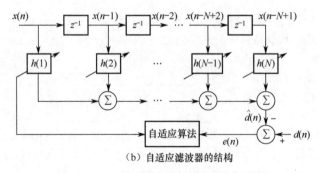

（b）自适应滤波器的结构

图 7.8　LMS 自适应滤波法消除回音框图

2. 设计要求

编写程序，完成以下功能，要求列出程序清单并绘出结果波形，程序名为 kcsj122.m。

（1）设 MATLAB 软件中自带的音频文件 chirp（鸟鸣声）为近端语音信号 $x(n)$，$y(n)$ 为远端输入信号，将其作为参考信号：$y(n)=\sin(2\pi f/f_s \times n)$，$f=10\text{Hz}$，$f_s=200\text{Hz}$。用 LMS 自适应滤波器对叠加了回音的扬声器信号 $s(n)=x(n)+ay(n-n_d)$（$a=0.5$，$n_d=100$）进行滤波，得到 $y(n)$ 的估值信号 $d(n)$，则消除回音后的信号 $e(n)=s(n)-d(n)$。

（2）画出 $x(n)$、$y(n)$、$s(n)$ 及 $e(n)$ 的波形，并计算该系统的均方误差

$$E=\frac{1}{N}\sum_{n=1}^{N}[s(n)-x(n)-d(n)]^2$$

（3）利用 sound 函数监听 $x(n)$、$s(n)$ 与 $e(n)$ 的声音，回音是否消除了？

用 LMS 自适应滤波法进行回音消除如图 7.9 所示。

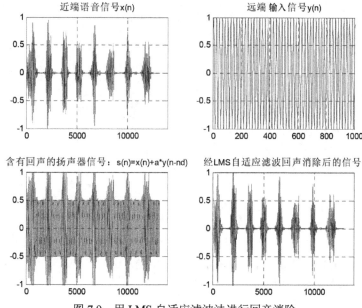

图 7.9　用 LMS 自适应滤波法进行回音消除

```
%参考程序: kcsj122.m   (请在%后的横线上填入注释)
clear
clc
load chirp               %调入自带的音频文件 chirp(鸟鸣声)
N=length(y);             %_____
x=y';                    %近端语音信号 x(n)
sound(x);                %_____
pause(5);                %_____
j=0:N-1;
f=10;fs=200;
y=sin(2*pi*f/fs*j);      %远端输入信号 y(n)(参考输入)
nd=100;a=0.5;            %_____
[yk,nyk]=delayk1(y,j,nd); %yk=ay(n-nd): 回音信号
```

```
x=[x zeros(1,nd)];
s=x+a*yk;                    %扬声器信号 s(n)=x(n)+ay(n-nd)    (叠加了回音)
sound(s);
pause(5);
subplot(221);plot(x);grid on;title('近端语音信号 x(n)');axis([0 14000 -1 1]);
subplot(222);plot(y);grid on;title('远端语音信号 y(n)');axis([0 1000 -1 1]);
subplot(223);plot(s);grid on;
title('含有回音的扬声器信号：s(n)=x(n)+a*y(n-nd)');axis([0 14000 -1 1]);
s=s(1:N);x=x(1:N);nh=150;
u=0.001;
h=zeros(1,nh);
d=zeros(1,N);
e=0;
for i=nh:N                   %LMS 算法自适应滤波消除回音
    S=y(i-nh+1:i);
    d(i)=h*S';
    e(i)=s(i)-d(i);
    h=h+2*u*e(i)*S;          %根据式（7.3）调整 h(n)
end
e=s(nh:end)-d(nh:end);
subplot(224);plot(e);grid on;axis([0 14000 -1 1]);
title('经 LMS 自适应滤波回音消除后的信号');
sound(e);
disp('均方误差 E 为');
E=sum((s-x-d).^2)/N

%delayk1.m:信号延迟函数 y(nn)=x(n-k)     (n=0～N-1)
function [y,nn]=delayk1(x,n,k)
nn=0:n(end)+k;        %_____
y=[zeros(1,k) x];     %_____
```

（三）同态滤波法

1. 基本原理

用同态滤波法消除回音的基本思想是：将原信号 $x_1(n)$ 与产生回音的系统单位脉冲响应分离，从而提取原信号。设原信号为 $x_1(n)$，则叠加回音信号后的输出 $x(n)$ 为

$$x(n)= x_1(n)+x_1(n-d)=x_1(n)*x_2(n) \tag{7.4}$$

式中，$x_2(n)=\delta(n)+\delta(n-d)$ 是产生回音的系统的单位脉冲响应。对 $x(n)$ 做 FFT，得其频谱为 $X(k)$，幅频谱 $|X(k)|=|X_1(k)||X_2(k)|$，对 $X(k)$ 求自然对数得 $\ln[X(k)]=(\ln|X_1(k)|+\ln|X_2(k)|)+ j(\psi_{X1}+\psi_{X2})$，再对 $\ln[X(k)]$ 做 IFFT，得 $x(n)$ 复倒谱

$$xx(n)=IFFT\{\ln[X(k)]\} \tag{7.5}$$

在 $xx(n)$ 中去除由产生回音的系统引起的响应，得 $yy(n)$，再对 $yy(n)$ 做逆复倒谱，即可恢

复原信号。用同态滤波法进行回音消除如图 7.10 所示。

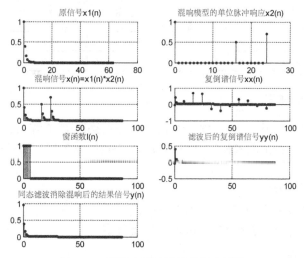

图 7.10 用同态滤波法进行回音消除

2. 设计要求

编写程序完成以下功能，要求列出程序清单并绘出结果波形，程序名为 kcsj123.m。

（1）产生原信号 $x_1(n)=a^n u(n)$，混响模型 $x_2(n)=a_1\delta(n-n_1)+a_2\delta(n-n_2)$，叠加回波后的混响信号 $x(n)=x_1(n)*x_2(n)$，其中，$a_1=0.4$，$a_2=0.5$，$n_1=16$，$n_2=24$，$n=0\sim N-1$，$N=64$。画出 $x_1(n)$、$x_2(n)$ 与 $x(n)$ 的波形。

（2）采用同态滤波法消除 $x(n)$ 中的回音，得到 $y(n)$，分别绘出 $x(n)$ 的复倒谱 xx(n)、滤波窗函数 $l(n)$、滤波后的复倒谱 yy(n) 及 $y(n)$ 的波形。

提示：求 x 的复倒谱的 MATLAB 函数为 xx=cceps(x)，求 yy 的逆复倒谱的 MATLAB 函数为 y=icceps(yy)。

7.3 双音多频（DTMF）通信设计仿真

一、课程设计研究背景

DTMF（Double Tone Multi-Freqency）是按键电话通信，广泛用于电子邮件和银行系统中，用户可通过电话发送 DTMF 信号来选择菜单并进行操作。DTMF 通信系统中有 8 个频率，分为 4 个高频音和 4 个低频音，用 1 个高频音和 1 个低频音的组合表示一个信号，这样共有 16 种组合，分别代表 16 种信号。电话按键 DTMF 信号频率如表 7.1 所示。

表 7.1 电话按键 DTMF 信号频率

f_L（Hz）＼f_H（Hz）	1209	1336	1477	1633
697	1	2	3	A
770	4	5	6	B

续表

f_L（Hz）　　　f_H（Hz）	1209	1336	1477	1633
852	7	8	9	C
941	*	0	#	D

二、课程设计目标要求

基于 MATLAB 编写程序，产生 DTMF 信号，分别采用 FFT 算法、DFT 算法及 Goertzel 算法对 DTMF 信号进行检测与解码，并撰写 4000～5000 字的课程设计论文，课程设计论文包含以下内容。

1）题目、摘要、关键词、引言。

2）内容：DTMF 信号产生及解码的程序设计。

3）包括：理论、程序（含注释）、图形、结果分析。

4）结论、参考文献。

三、课程设计内容与参考

（一）DTMF 信号的产生

设计要求：编写程序，产生对应按键 0～9 的 DTMF 信号，列出程序清单并绘出结果图形。

（1）按一个数字键（如 1），则产生频率为 697Hz 和 1209Hz 的两个正弦波，并相加。

提示：建立拨号数字表矩阵 TAB，用查表法求数字键对应的频率。

（2）DTMF 信号的采样频率为 8kHz，每个数字信号持续的时间为 100ms，后面加上 100ms 的间隔（用 0 表示），将产生的 DTMF 信号存入音频文件 Ds.wav。

```
%参考程序：  kcsj131.m   （在%后的横线上填入注释）
clear
clc
TAB=[941 1336;697 1209;697 1336;697 1477; 770 1209;770 1336;770 1477;852
1209; ...
852 1336;852 1477];              %拨号数字表矩阵 TAB
k=input('请输入按键 0～9');        %_____
n=length(k);                      %_____
for i=1:n                         %产生相应的 DTMF 信号
fL=TAB(k(i)+1,1);fH=TAB(k(i)+1,2);
n1=800;fs=8000;
j=0:1:n1-1;
x=sin(2*pi*fL*j/fs)+sin(2*pi*fH*j/fs);
out(1600*(i-1)+1:1600*i-800)=x;
out(1600*i-799:1600*i)=0;
end
out=out./2;                       %将 DTMF 信号存入 out
```

```
subplot(211);plot(out);        %_____
title('DTMF 信号');
sound(out,fs)                  %_____
wavwrite(out,fs,'Ds.wav');     %_____
save n n                       %_____
```

DTMF 信号的波形如图 7.11 所示。

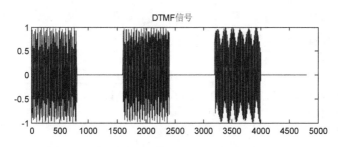

图 7.11　DTMF 信号的波形

（3）DTMF 信号的差分方程产生。

要求：用差分方程法产生 DTMF 信号，列出程序清单，绘出结果波形。

为了使软件设计更接近实际硬件的开发应用，可用求解差分方程的方法来代替正弦函数的调用。设正弦序列为 $h(n)=\sin(\omega_k n)u(n)$，其 Z 变换为

$$H(z) = \frac{z\sin\omega_k}{z^2 - 2\cos\omega_k z + 1}$$

令 $H(z)$ 的分子/分母系数

$$\sin\omega_k = b,\ 2\cos\omega_k = a$$

则

$$H(z) = \frac{Y(z)}{X(z)} = \frac{bz^{-1}}{1 - az^{-1} + z^{-2}}, \quad Y(z)(1 - az^{-1} + z^2) = bz^{-1}X(z)$$

两边进行反变换，得 $y(n)-ay(n-1)+y(n-2)=bx(n-1)$，式中，令 $x(n)=\delta(n)$，得到 $h(n)$ 的差分方程

$$h(n) = ah(n-1) - h(n-2) + b\delta(n-1) \tag{7.6}$$

用迭代法解此差分方程，即得数字频率为 ω_k 的正弦序列 $h(n)$。在本课程设计中，每个 DTMF 信号 $h(n)$ 都是两个频率的正弦序列（设为 $h_L(n)$ 和 $h_H(n)$）的叠加，为此分别求得 $h_L(n)$ 和 $h_H(n)$ 的差分方程 $h_L(n)= a_L h_L(n-1)-h_L(n-2)+b_L\delta(n-1)$ 和 $h_H(n)= a_H h_H(n-1)-h_H(n-2)+b_H\delta(n-1)$，则

$$h(n) = h_L(n) + h_H(n) \tag{7.7}$$

在 DSP（Digital Signal Processor，数字信号处理器）中，该差分方程可由加法器、乘法器和单位延时单元构成。DTMF 编码器基于两个二阶数字正弦波振荡器，一个用于产生行频，一个用于产生列频，向 DSP 装入相应的系数和初始条件，即可产生对应的 DTMF 信号。

```
%参考程序：kcsj131s.m（在%后的横线上填入注释）
clear
clc
fs=8000;
w=2*pi/8000*[941 1336;697 1209;697 1336;697 1477; 770 1209;770 1336; ...
```

```
    770 1477;852 1209;852 1336;852 1477];      %_____
tab=[2*cos(w)  sin(w)];                         %_____
k=input('请输入按键 0～9');
n=length(k);
out=zeros(1,1600*n);
x=zeros(1,800);
x(2)=1;
for i=1:n
    hL=zeros(1,3);
    hH=zeros(1,3);
  for j=1:800                                   %_____
    hL(3)=tab(k(i)+1,1)*hL(2)-hL(1)+tab(k(i)+1,3)*x(j);
    hL(1)=hL(2);
    hL(2)=hL(3);
    hH(3)=tab(k(i)+1,2)*hH(2)-hH(1)+tab(k(i)+1,4)*x(j);
    hH(1)=hH(2);
    hH(2)=hH(3);
    out(1600*(i-1)+j)=hL(3)+hH(3);
    out(1600*(i-1)+j+800)=0;
  end
end
out=out./2;                                     %_____
subplot(211);plot(out);title('差分方程法产生的 DTMF 信号');
```

（二）DTMF 信号的检测与解码

对接收到的数据流进行处理（每 200 点为一帧），检测 DTMF 信号，用查表法将检测到的 DTMF 信号恢复为所按下的数字键。

1. FFT 算法

设计要求：编写程序，完成以下功能，列出程序清单并绘出结果波形。

（1）DTMF 信号的接收：读取 DTMF 信号音频文件 Ds.wav。

（2）用 FFT 算法对 DTMF 信号进行频谱分析，检测按键对应的频率，画出 DTMF 信号的幅频谱。

设计中的问题与提示如下。

①采样频率为何取 8kHz？

答：语音信号的最高频率 f_c=4kHz，因为只有采样频率满足 $f_s \geq 2f_c$ 才能保证采样后的信号不失真，所以 f_s=2×4kHz=8kHz（工业标准）。

②为何取 200 点为一帧做 FFT？

答：为了在频谱图中分辨不同的频率分量，频谱分辨率 $F=f_s/N$=8000/200=40Hz<73Hz（表 7.1 中任意两频率的最小间隔），故取 200 点为一帧，每个信号（含间隔）占 1600/200=8 帧。

③为何每帧（200 点）信号做 256 点 FFT？

答：FFT 要求 $N=2^E$（E 为整数），取 $N=2^8$=256>200。

④为何每帧信号的幅频谱仅画 64 点？

答：因为信号 x 为实数序列，所以其幅频谱$|y|$具有偶对称性，于是，幅频谱可以仅画 $N/2$ 点，其中第 $N/2$ 点对应的实际频率为 $f_s/2=4$kHz，又因为 DTMF 信号中的最高频率为 1633Hz，小于 2kHz（$f_s/4$），因此，只画 $N/4=64$ 点即可。

⑤频谱的横坐标代表什么？

答：频谱的横坐标为频率点 $k=f/F=(f/f_s)\times N$，其中 f 是实际频率。DTMF 信号是两个正弦波信号的叠加，它的幅频谱就是两根谱线，谱线的横坐标就是该信号的两个频率点 K_L 和 K_H。

⑥怎样用阈值法消除频谱泄漏现象？

答：由于信号 x 是有限长的，这就相当于对无限长的信号加矩形窗，所以在频谱图中必然会出现频谱泄漏现象，使信号能量散布到其他谱线位置。因此应选择　适当阈值，将出现在这两条谱线周围的幅度较小的谱线消除（置零）。

（3）将频率还原为所按下的数字键，并在命令窗口中显示。

设计提示如下。

①查表（频率点矩阵 sm），将频率点转换为对应的数字键。

数组 c 中不等于 0 的下标就是各信号的频率点 K_L、K_H，查表 sm，即可将各 DTMF 信号还原为相应的数字键。用到的 MATLAB 函数包括：

a）find(c)，找出 c 中不等于 0 的数据的下标；

b）nnz(c)，找出 c 中不等于 0 的数据的个数。

②查找过程。从 sm 的第一行开始查，查到，则数字键 AN 为数组 sm 的下标值 i4 减 1，并跳出本级循环。

```
%参考程序：kcsj132.m　　（在%后的横线上填入注释）
A=wavread('Ds.wav');                          %_____
subplot(212); plot(A);
load n                                         %_____
N=256;
for s=1:8*n
  R=A(200*(s-1)+1:200*s);
  y=fft(R,N);                                  %_____
  c(s,:)=abs(y(1:64));                         %_____
r(s,:)=c(s,:);
  z=find(c(s,:)<40);                           %_____
  c(s,z)=zeros(size(z));                       %_____
end
for g=1:n
  figure(g+1)
  subplot(211);plot(r(8*(g-1)+1,:))           %_____
  subplot(212);plot(c(8*(g-1)+1,:))           %_____
end
%还原为数字键
sm=[31 44;23 40;23 44;23 48;26 40;26 44;26 48;28 40;28 44;28 48];
                                              %_____
  for i3=1:8*n
  b=nnz(c(i3,:));                             %_____
```

```
   if b==2                          %_____
     q1=find(c(i3,:));              %_____
     for i4=1:10                    %_____
       if q1==sm(i4,:)              %_____
         AN(i3)=i4-1;break;         %_____
       end
     end
   else
     AN(i3)=NaN;                    %_____
   end
end
disp('所按下的数字键为:');
AN=AN
```

用 FFT 算法检测 DTMF 信号如图 7.12 所示。

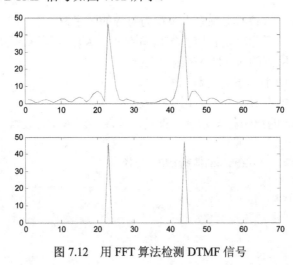

图 7.12　用 FFT 算法检测 DTMF 信号

2. DFT 算法

基本思想：用 FFT 算法解码每帧信号共涉及 256 个频率分量，但实际在组成所有 DTMF 信号时只用到了 8 个频率，对每帧信号可只算这 8 个频率的 DFT，这样减少了运算次数，同样达到了解码的目的。

设计要求：以 200 点为一帧，对 $x(n)$ 在 8 个特定频率（表 7.1 中的 f_L 及 f_H）上做 DFT（DFT 的点数 N=200），并画幅频谱图，从中找出幅值最大的两条谱线，这两条谱线的横坐标就是代表各信号的特征字（如表 7.2 所示），最后将其还原为相应的数字键。列出程序清单，绘出结果波形，并在命令窗口中显示解码结果。

表 7.2　数字键频率点对应的特征字

K_L ＼ K_H	5	6	7	8
1	1	2	3	
2	4	5	6	

续表

K_L ＼ K_H	5	6	7	8
3	7	8	9	
4		0		

```
%参考程序：kcsj133.m    （在%后的横线上填入注释）
A=wavread('Ds.wav');                %_____
load n
for s=1:8*n
    a2=A(200*(s-1)+1:200*s);
w=2*pi/8000*[697,770,852,941,1209,1336,1477,1633];
                                    %_____
    m=0:199;
    for  k=1:8                      %_____
    d=cos(m*w(k))-j*sin(m*w(k));    %_____
    c(s,k)=abs(sum(d.*a2'));        %_____
end
end
for s=1:8*n
r(s,:)=c(s,:);
z=find(c(s,:)<40);                  %_____
c(s,z)=zeros(size(z));
end
for g=1:n
    figure(g+1)
    subplot(211);stem(r(8*(g-1)+1,:))
    subplot(212);stem(c(8*(g-1)+1,:))
end
sm=[4 6;1 5;1 6;1 7;2 5;2 6;2 7;3 5;3 6;3 7]; %_____
for i3=1:8*n
    b=nnz(c(i3,:));
    if b==2
        q1=find(c(i3,:));
        for i4=1:10
            if q1==sm(i4,:)
                AN(i3)=i4-1;break;
            end
        end
        else
            AN(i3)=NaN;
        end
    end
    AN=AN
```

用 DFT 算法检测 DTMF 信号如图 7.13 所示。

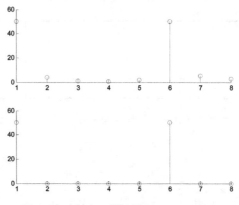

图 7.13　用 DFT 算法检测 DTMF 信号

3. Goertzel 算法

Goertzel 算法是 DFT 算法的延伸，其基本思想为：用 DFT 算法求 $x(n)$ 的频谱 $X(k)$，可将其视为 $x(n)$ 经过一个单位脉冲响应为 $h_k(n) = W_N^{-kn}u(n)$ 的系统滤波后输出 $y_k(n)$ 在 $N-1$ 点上的值，即

$$X(k) = y_k(N-1) \tag{7.8}$$

式中，$y_k(n) = x(n) * h_k(n)$，$N=200$，k 是 DTMF 信号的 8 个特定频率点。

证明：$y_k(n) = x(n) * h_k(n) = \sum_{m=0}^{N-1} x(m) W_N^{-k(n-m)}$，其中，$N = 200$，则

$$y_k(N-1) = \sum_{m=0}^{N-1} x(m) W_N^{-k(N-1-m)} = \sum_{m=0}^{N-1} x(m) W_N^{-k(N-1)} W_N^{km}$$

其中，$W_N^{-k(N-1)} \xrightarrow{N \gg 1} W_N^{-kN} = \mathrm{e}^{-\mathrm{j}\frac{2\pi}{N}kN} = 1$，所以 $y_k(N-1) \approx \sum_{m=0}^{N-1} x(m) W_N^{km} = X(k)$。

为使解码过程更接近硬件实现，应找到 $h_k(n)$ 满足的差分方程。

（1）由 $h_k(n) \xrightarrow{Z变换} H_k(z)$ 得 $H_k(n)$ 的 Z 变换为

$$H_k(z) = \sum_{n=0}^{\infty} W_N^{-kn} z^{-n} = \frac{1}{1 - W_N^{-k} z^{-1}}$$

（2）$H_k(z)$ 分母有理化。为避免复数运算，可对 $H_k(z)$ 进行分母有理化

$$H_k(z) = \frac{1}{1 - W_N^{-k} z^{-1}} = \frac{1 - W_N^{k} z^{-1}}{(1 - W_N^{-k} z^{-1})(1 - W_N^{k} z^{-1})} = \frac{1 - W_N^{k} z^{-1}}{1 - 2\cos\omega_k z^{-1} + z^{-2}}$$

令 $H_1(z) = \dfrac{1}{1 - 2\cos\omega_k z^{-1} + z^{-2}} = \dfrac{V(z)}{X(z)}$，$H_2(z) = 1 - W_N^{k} z^{-1} = \dfrac{Y_k(z)}{V(z)}$，则 $H_k(z) = H_1(z) H_2(z)$，则 $H_1(z)$ 对应的差分方程为 $v(n) = x(n) + 2\cos\omega_k v(n-1) - v(n-2)$，$H_2(z)$ 对应的差分方程为 $y_k(n) = v(n) - W_N^{k} v(n-1)$。

$h_k(n)$ 的系统结构图如图 7.14 所示。

综上所述，$h_k(n)$ 满足的差分方程为

$$\begin{cases} v(n) = x(n) + 2\cos\omega_k v(n-1) - v(n-2) \\ y_k(n) = v(n) - W_N^{k} v(n-1) \end{cases}$$

且 $$X(k) = y_k(N) = v(N) - W_N^k v(N-1)$$

式中，$n=0, 1, \cdots, N-1$。由于 W_N^k 是复数，因此为了完全避免复数运算，可画功率谱 $|X(k)|^2$

$$|X(k)|^2 = |v(N) - W_N^k v(N-1)|^2 = |v(N) - \cos\omega_k v(N-1) + \mathrm{j}\sin\omega_k v(N-1)|^2$$
$$= v^2(N) - 2\cos\omega_k v(N)v(N-1) + v^2(N-1)$$

(7.9)

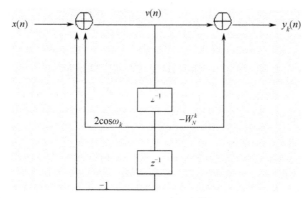

图 7.14 $h_k(n)$ 系统结构图

还原数字键过程同 DFT 算法。

设计要求：根据上述公式列出程序清单，绘出结果波形，并在命令窗口中显示解码结果。

```
%参考程序：kcsj134.m   （在%后的横线上填入注释，在本程序中添加矩阵 r 和 c 的绘图语句及还原
数字键的程序语句）
N=200;
a=wavread('Ds.wav');
load n
subplot(212);plot(a);
w=[697 770 852 941 1209 1336 1477 1633];
a1=2*pi/8000;
w=a1*w;                    %w---DTMF 信号的 8 个特定数字频率
for l=1:8*n                %利用 Goertzel 算法求功率谱|X(k)|²
    for k1=1:8
        v=zeros(1,3);
        for m=1:200
        v(3)=2*cos(w(k1))*v(2)-v(1)+a((l-1)*200+m);
                           %_____
        v(1)=v(2);         %_____
        v(2)=v(3);         %_____
            end
        r(l,k1)=v(2).^2+v(1).^2-2*cos(w(k1))*v(2)*v(1);
                           %_____
        end
 c(l,:)=r(l,:);            %_____
 q=find(c(l,:)<2000);      %_____
 c(l,q)=zeros(size(q));    %_____
end
```

用 Goertzel 算法检测 DTMF 信号如图 7.15 所示。

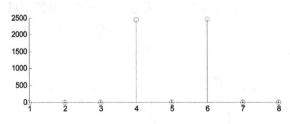

图 7.15 用 Goertzel 算法检测 DTMF 信号

课程设计项目 2　心电信号分析与处理

8.1　心电信号中的工频干扰估计与消除

一、课程设计研究背景

数字信号处理技术在生物医学工程领域的应用十分广泛，用于诊断心脏病的主要技术之一是心电图（Electrocardiogram，ECG），心电图机通过测量体表的电位来推测心脏的缺陷。利用数字信号处理技术可对心电信号进行自动滤波、分析和识别的工作，以辅助医生进行疾病诊断并减小工作强度。人体心电信号常常受到电源引起的工频干扰（频率为 50Hz 或 60Hz），其时域及频域波形如图 8.1 所示，它会对心电图诊断产生严重影响，因此必须对其频率进行估计，从而将其消除。

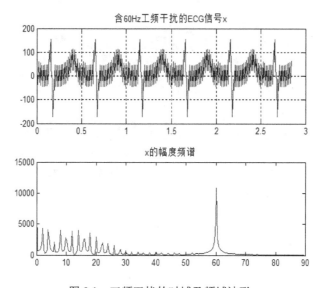

图 8.1　工频干扰的时域及频域波形

二、课程设计目标要求

基于 MATLAB 软件编程，采用 FIR 滤波器及 LMS 自适应滤波算法对心电信号中的工频干扰进行估计与消除，总结各种算法的优缺点，进行实验结果分析并撰写 4000～5000 字的课程设计论文。课程设计论文包含以下内容。

1）题目、摘要、关键词、引言。

2）内容：心电信号中的工频干扰估计与消除。

3）包括：理论、程序（含注释）、图形、结果分析。

4）结论、参考文献。

三、课程设计内容与参考

设计 MATLAB 程序模块，实现以下功能。

（一）心电信号的读取与显示

本课程设计的心电数据来自 UW DigiScope 软件所生成的仿真心电信号，文件名为 ECG_X1.txt。

设计要求：读取该心电信号并叠加工频干扰，适当设置其幅度 A 与初相位；显示含有工频干扰的心电波形（设采样频率 f_s=150Hz，采样点数 N=512）。

```
%参考程序：kcsj211.m （在%后的横线上填入注释）
clear
clc
fs=150;                          %_____
N = 512;                         %_____
load ECG_X1.txt                  %调入由 UW DigiScope 软件生成的标准心电数据
x=(ECG_X1/256)';                 %归一化
f=fs/N*(0:N/2-1);                %_____
k=0:N-1;
fp=50;A=0.2;phi=pi/4;            %_____
z1=A*sin(2*pi*fp*k/fs+pi/4);     %设置工频干扰
x1=x+z1;                         %_____
Ts=1/fs;
t=0:Ts:(N-1)*Ts;                 %_____
subplot(221);plot(t,x);grid on;title('心电信号');       %绘图
subplot(222);plot(t,x1);grid on;title('含工频干扰的心电信号');
save ECGY  x x1 fs N  %将正常心电信号和含噪心电信号及参数存入 ECGY.mat 文件中
```

心电信号的读取及显示如图 8.1 所示。

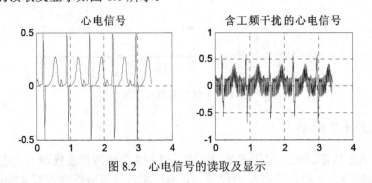

图 8.2　心电信号的读取及显示

（二）工频干扰的估计与消除

1. FIR 滤波器消除工频干扰

1）海宁滤波器

由于工频干扰在心电图中是高频噪声，因此可通过平滑滤波器进行低通滤波消噪。海宁

滤波器是一个简单的 FIR 型平滑滤波器，其系统函数为

$$H(z) = \frac{1}{4}\left(1 + 2z^{-1} + z^{-2}\right) \tag{8.1}$$

设计要求：

（1）编写程序（程序名为 kcsj212.m），利用海宁滤波器对含有工频干扰的心电信号 ECGY.txt 进行低通滤波消噪，列出程序清单，并画出海宁滤波器的幅频特性、零极点分布图及消噪后的心电波形。观察此波形，工频干扰是否都被消除了？

```
%参考程序：kcsj212.m（在%后的横线上填入注释）
clear
clc
load ECGY          %_____
h=1/4*[1 2 1];     %_____
[H,w]=freqz(h,N);  %_____
y=filter(h,1,x1);  %_____
Ts=1/fs;
n=0:length(x1)-1;
t=n*Ts;
subplot(221);plot(t,x1);grid on;title('含工频干扰的心电信号');%绘图
subplot(222);plot(w/pi,20*log(abs(H)));grid on;title('海宁滤波器的幅频特性');
subplot(223);zplane(h,1);grid on;title('海宁滤波器的零极点分布图');
subplot(224);plot(t,y);grid on;title('海宁滤波器消除工频干扰');
```

海宁滤波器消除工频干扰如图 8.3 所示。

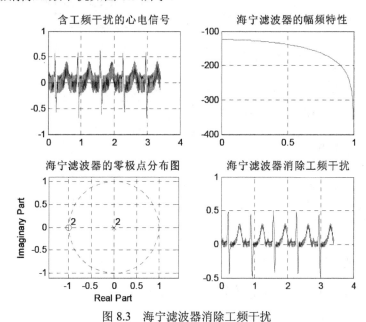

图 8.3　海宁滤波器消除工频干扰

（2）对原有的程序进行修改，设计 3 级海宁滤波器来进一步改善滤波效果，列出程序清单，并画出消噪后的心电信号波形。

2）窗函数法设计 FIR 带阻滤波器

由于海宁滤波器的阶数较低，因此过渡带较宽，虽然消除了工频干扰，但也抑制了过渡带中的有用频率成分，从而导致心电信号产生衰减。可采用窗函数法设计一个 FIR 带阻滤波器，在消除工频干扰的同时尽量保留心电信号中的有用频率成分。

设计要求：编写程序（程序名为 kcsj213.m），利用窗函数法设计一个 FIR 带阻滤波器，设置适当的滤波参数，消除工频干扰，列出程序清单，并画出该滤波器的单位脉冲响应、幅频特性、消噪后的心电信号波形及其幅频谱。

```
%参考程序：kcsj213.m （在%后的横线上填入注释）
clear
clc
load ECGY
f=fs/N*(0:N/2-1);                          %_____
wp = [2*pi*48/fs 2*pi*52/fs];              %_____
ws = [2*pi*49/fs 2*pi*51/fs];              %_____
wc = (ws+wp)/2;                            %3dB 截止频率
tr=ws(1)-wp(1);                            %_____
N1=ceil(8*pi/tr);                          %FIR 带阻滤波器的长度
k=0:N1-1;
m=k-(N1-1)/2+eps;
hz=sin(pi*m)./(pi*m)-(sin(wc(:,2)*m)./(pi*m)-sin(wc(:,1)*m)./(pi*m));
                                           %理想带阻滤波器的单位脉冲响应
w_ham = (hamming(N1))';                    %选 Hamming 窗
h = hz.* w_ham;                            %窗函数法设计带阻滤波器的单位脉冲响应 h
[H,w]=freqz(h,1);                          %_____
mag=abs(H);
db=20*log10((mag+eps)/max(mag));           %_____
y=conv(x1,h);                              %_____
Y=fft(y,N);                                %_____
t1=(0:length(y)-1)/fs;
subplot(221); plot(k,h);grid;axis([0 N-1 -0.1 0.3]);%绘图
title('带阻滤波器单位脉冲响应');
subplot(222);plot(w*fs/(2*pi),db);grid;axis([0 fs/2 -100 20]);
title('带阻滤波器幅频特性');
subplot(223);plot(t1,y);grid,axis([1.81 4.98 -0.7 0.7]);
title('滤波后心电图时域图');
subplot(224);plot(f,abs(Y(1:N/2)));grid;
title('滤波后心电图频域图');
```

FIR 带阻滤波器消除心电工频干扰如图 8.4 所示。

2. LMS 自适应滤波算法消除工频干扰

当工频干扰的中心频率有漂移时，上述 FIR 滤波器的滤波效果将受到一定的影响，可设计一个自适应噪声抵消系统（如图 8.5 所示）来消除，其输入信号为有用信号 $S(n)$ 和噪声信号

$N(n)$之和，参考输入信号可以是仅和 $N(n)$相关的参考信号 $R(n)$，通过自适应滤波器调整其输出 $Y(n)$，在最小均方误差准则下得到 $N(n)$的一个最佳估计值，将此估计值和主输入通道相减，从而较好地消除主输入通道的噪声。

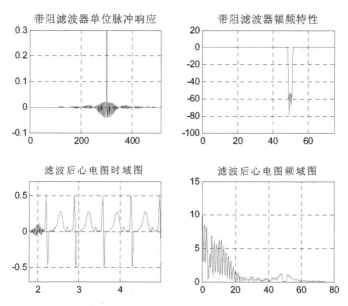

图 8.4　FIR 带阻滤波器消除心电工频干扰

输出误差 $e(n)$为

$$e(n)=S(n)+N(n)-Y(n)$$

均方误差的估计为

$$E[e^2(n)]=E[S^2(n)]+E\{[N(n)-Y(n)]^2\}+2E\{S(n)[N(n)-Y(n)]\}$$

由于 $S(n)$与 $R(n)$及 $N(n)$不相关，因此均方误差的最小值为

$$E[e^2(n)]=E[S^2(n)]+E\{[N(n)-Y(n)]^2\}$$

通过调整自适应滤波器，当 $Y(n)\to N(n)$时，输出的均方误差最小，此时系统输出十分接近输入信号中的有用成分 $S(n)$。这种通过调整均方误差来反复改变滤波器系数的方法称为最小均方（Least Mean Square，LMS）算法。

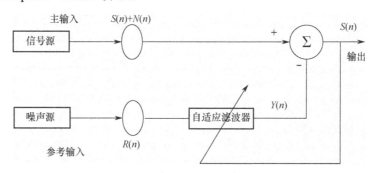

图 8.5　自适应噪声抵消系统

根据以上原理，提出了一种滤除心电信号中工频干扰的自适应噪声抵消系统，如图 8.6 所示。主通道的输入 $D(n)$包含心电信号及工频干扰，参考端的输入包含参考噪声，自适应滤

波器中的 $w_1(n)$、$w_2(n)$ 为加权系数，其中 $w_1(n)$ 对应工频干扰，$w_2(n)$ 对应相移 90° 的工频干扰，加权后的工频干扰相加后再同主通道输入相减来消除输入通道中的工频干扰，通过最小均方算法不断调整加权系数，其迭代过程为

$$w_1(n+1)= w_1(n)+\mu e(n)X_1(n) \quad; \quad w_2(n+1)= w_2(n)+\mu e(n)X_2(n);$$

$$Y(n)= X_1(n) w_1(n)+ X_2(n) w_2(n); \quad e(n)= D(n)-Y(n)$$

式中，μ 为步长系数（收敛因子）。

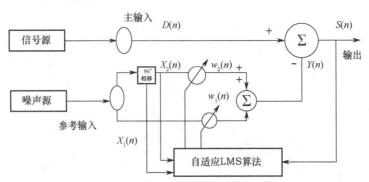

图 8.6　滤除心电信号中工频干扰的自适应噪声抵消系统

在不可调滤波方法中，得到理想滤波的前提是必须知道信号和干扰的特性。自适应滤波方法的优越之处在于：不需要事先知道信号或干扰的特性，而通过采用对期望值和负反馈值进行综合判断的方法来改变滤波器参数，由于引入了和干扰相关的参考通道，因此可以跟踪工频干扰的漂移，滤波效果较好。

设计要求：

（1）编写程序（程序名为 kcsj214.m），采用 LMS 算法对含工频干扰的心电信号进行消噪，并绘出消噪后的心电信号波形（设原工频干扰的幅度为 0.7，初相位为 $\pi/5$）。

```
%kcsj214.m  (在%后的横线上填入注释)
clear
clc
load ECGY                    %_____
d=x1;
D=fft(d,N);                  %_____
Ts=1/fs;
n=0:length(x1)-1;
t=n*Ts;
f=fs/N*(0:N/2-1);            %_____
subplot(221);plot(t,d);grid;
title('含噪心电图时域图');
subplot(222);plot(f,abs(D(1:N/2)));grid;
title('含噪心电图频域图');
%%%%%%%%%%%%%%%%%%%%%%%%%
w1=zeros(1,N);w2=zeros(1,N);         %设置参考输入的加权系数 w1 和 w2
C=0.3;phe=pi/3;                      %设置参考输入的幅度和初相位
```

```
x1=C*cos(2*pi*50*n/fs+phe);          %参考输入的 90° 相移输出
x2=C*sin(2*pi*50*n/fs+phe);          %_____
u=0.1;                               %_____
for n=1:N                            %LMS 算法消除工频干扰
    y1(n)=w1(n)*x1(n);
    y2(n)=w2(n)*x2(n);
    e(n)=d(n)-(y1(n)+y2(n));
    w1(n+1)=w1(n)+2*u*e(n)*x1(n);
    w2(n+1)=w2(n)+2*u*e(n)*x2(n);
end
subplot(212);plot(t,e);grid; title('LMS 算法自适应滤波后的心电信号');
```

LMS 自适应滤波消除心电工频干扰如图 8.7 所示。

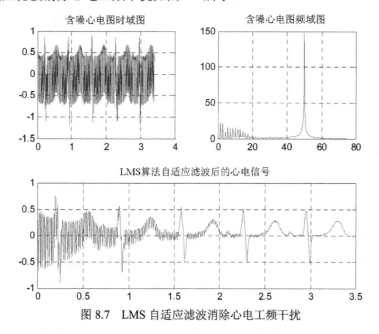

图 8.7　LMS 自适应滤波消除心电工频干扰

（2）消除工频干扰的效果如何？试改变参数 μ，观察结果的变化。

（三）课程设计要求

对上述算法的优点和缺点进行比较、分析与评价。

8.2　心电信号中的 QRS 波检测

一、课程设计研究背景

利用数字信号处理技术可对心电信号自动进行滤波、分析和识别，以辅助医生进行疾病诊断并减小工作强度。在心电图中，一个周期波形代表一个心动周期，由各个波段构成，如图 8.8 所示。其中，QRS 波群反映的是心室肌除极和最早复极过程的电位与时间的变化，以心室肌除极为主。心脏病变时，相应的心电波形会有所改变，例如，QRS 波群电压增大的主要原因是心室肥大，S-T 波段抬高有可能是心肌梗死，T 波倒置有可能是心肌缺血等。心电图的 QRS 波反映了在心脏收缩过程中心脏的内部电行为，其形状和发生时间包含大量反映心脏目前状态的信息，因此 QRS 波检测是心电图分析的基础。

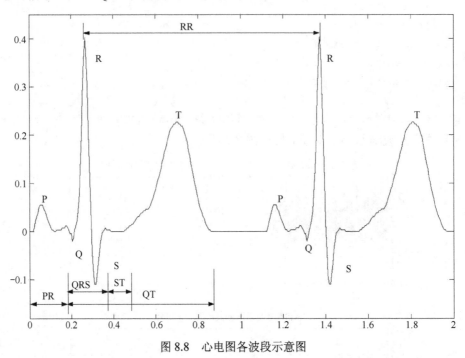

图 8.8　心电图各波段示意图

二、课程设计目标要求

基于 MATLAB 软件编程，采用差分阈值法对心电信号中的 QRS 波进行检测，总结这种算法的优点和缺点，进行实验结果分析，并撰写 4000～5000 字的课程设计论文。课程设计论文包含以下内容。

1）题目、摘要、关键词、引言。

2）内容：心电信号中的 QRS 波检测。

3）包括：理论、程序（含注释）、图形、结果分析。

4）结论、参考文献。

三、课程设计内容与参考

设计 MATLAB 程序模块，实现以下功能。

（一）心电信号的读取与显示

本课程设计的心电数据来自 UW DigiScope 软件所产生的仿真心电信号。

设计要求：编程实现读取此心电信号，并显示其波形。

（二）差分阈值法

差分阈值法是一种通过对信号进行一阶或二阶差分，判断其差分值是否超过特定阈值并确定 QRS 波的存在及其位置的方法。其基本原理是：R 波上升沿和下降沿的斜率与其他波的斜率显著不同，为 ECG 斜率变化最大的区域，中间出现的一阶导数过零点为 R 波所在的位置，差分法通过检测 ECG 斜率的变化实现对 QRS 波的定位。差分阈值法构成了许多 QRS 波检测算法的基础，它是高通滤波器，其微分运算增强了具有较高频率成分的 QRS 波，同时削弱了具有较低频率成分的 P 波和 T 波。除检测 QRS 波外，还能产生一个宽度与 QRS 波成比例的脉冲，然而该算法的缺点是对高频噪声特别敏感。基于差分阈值法的 QRS 波检测框图如图 8.9 所示。

图 8.9　基于差分阈值法的 QRS 波检测框图

ECG 信号一阶和二阶微分的绝对值可用以下公式计算

$$y_0(nT) = \left| x(nT) - x(nT - 2T) \right|$$

$$y_1(nT) = \left| x(nT) - 2x(nT - 2T) + x(nT - 4T) \right|$$

对以上两式分别乘以系数，可以得到

$$y_2(nT) = 1.3 y_0(nT) + 1.1 y_1(nT)$$

判别 $y_2(nT)$ 是否达到或超过给定的阈值 thr，即

$$y_2(nT) \geqslant thr$$

若 $y_2(nT)$ 中有一个数据点满足此条件，则后 8 个数据点就同这个阈值进行比较。如果这 8 个数据点中有 6 个或更多的点等于或超过此阈值，那么这一段就可能是 QRS 波的一部分。

设计要求：编程实现基于差分阈值法的 QRS 波形检测，并显示结果波形。

```
%kcsj221.m  (在%后的横线上填入注释)
clear
clc
load ECG_xinhao x fs N;                  %_____
t=(0:length(x)-1)/fs;                    %_____
y0=zeros(1,N);
y1=zeros(1,N);
y2=zeros(1,N);
for i=3:N-2
    y0(i)=abs(x(i+2)-x(i));              %对 ECG 信号求一阶微分
    y1(i)=abs(x(i+2)-2*x(i)+x(i-2));     %对 ECG 信号求二阶微分
    y2(i)=1.3*y0(i)+1.1*y1(i);           %_____
end
figure(1)
subplot(211);plot(t,x);grid;title('原心电信号图'); %_____
subplot(212);plot(t,y2);grid;title('对 ECG 信号的一阶和二阶微分求和');
```

```
y3=zeros(1,N);y4=zeros(1,N);
thr=0.2;
for i1=1:N
    if y2(i1)>=thr                              %根据阈值 thr 对 y2 进行比较
        y3(i1)=1;                               %_____
        y4(i1)=x(i1);                           %_____
    else
        y3(i1)=0;                               %_____
        y4(i1)=0;
    end
end
figure(2)
subplot(211);plot(t,y3);grid;axis([0 3 0 2])        %_____
title('对应 QRS 波的方波脉冲输出');
subplot(212);plot(t,y4);grid;axis([0 3 -0.5 0.5])   %_____
title('差分阈值法检测到的 QRS 波');
```

差分阈值法检测 ECG 信号中的 QRS 波如图 8.10 所示。

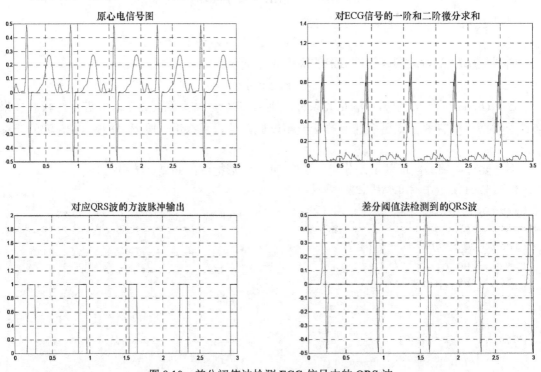

图 8.10　差分阈值法检测 ECG 信号中的 QRS 波

（三）课程设计要求

对上述算法的优点和缺点进行分析与评价。

（四）课程设计拓展（选做部分）

查阅文献，对 ECG 信号的 QRS 波检测的常用算法进行综述，比较各种算法（如小波分析算法、移动窗口积分法、希尔伯特变换法、数学形态学算法、模板匹配法等）的优点和缺点，撰写 4000～5000 字的综述小论文。

8.3　孕妇心电图中胎儿心电信号的提取

一、课程设计研究背景

利用数字信号处理技术从孕妇心电图中提取胎儿心电信号（如图 8.11 所示）具有重要的临床意义。通过提取胎儿心电信号来进行胎儿心电监护，是产期监护的重要内容，如何准确地提取胎儿心电信号一直是研究的焦点。

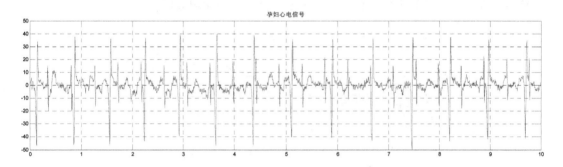

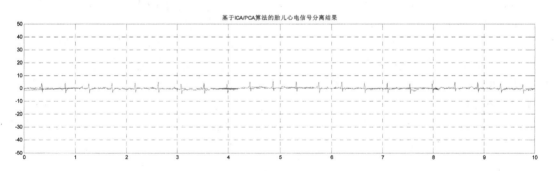

图 8.11　孕妇心电图中的胎儿心电信号提取

二、课程设计目标要求

基于 MATLAB 软件编程，采用 LMS 自适应滤波算法、PCA/ICA 联合算法从孕妇心电图中提取胎儿心电信号，为后续胎儿心电特征识别和疾病的计算机辅助诊断打下基础。总结这两种算法的优点和缺点，进行实验结果分析，并撰写 4000～5000 字的课程设计论文。课程设计论文包含以下内容。

1）题目、摘要、关键词、引言。

2）内容：孕妇心电图中胎儿心电信号的提取。

3）包括：理论、程序（含注释）、图形、结果分析。

4）结论、参考文献。

三、课程设计内容与参考

设计 MATLAB 程序模块，实现以下功能。

（一）读取并显示含有胎儿心电信号的孕妇心电图

设计要求：编程实现读取含有胎儿心电信号的孕妇心电图 foetal_ecg.dat，并显示其波形。该信号是 Lathauwer L 提供的临床心电数据，有 8 个通道，其中第 1～5 通道是孕妇的腹壁心电信号（含胎儿心电信号），第 6～8 通道是孕妇的胸部心电信号（不含胎儿心电信号，可作为 LMS 自适应滤波算法的参考信号）。

（二）基于 LMS 自适应滤波算法的胎儿心电信号提取

应用于胎儿心电信号提取的自适应噪声抵消器的原理如图 8.12 所示。

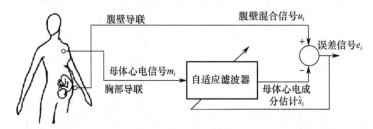

图 8.12　应用于胎儿心电信号提取的自适应噪声抵消器的原理

图 8.12 中，置于胸部的电极采集到的母体心电信号 m_i 是自适应噪声抵消器的参考信号；置于腹壁的电极采集到的腹壁混合信号 u_i 是自适应噪声抵消器的期望信号。腹壁混合信号 u_i 包括胎儿心电信号 d_i、母体心电成分 s_i 和附加噪声 η_i，其中，母体心电成分 s_i 是母体心电信号 m_i 经非线性信道传导至腹壁的信号，其幅度和相位等参数都会发生非线性变换。误差信号 e_i 为腹壁混合信号 u_i 与自适应滤波器输出信号 $\hat{s}_i$（母体心电成分的估计）之差，依据最小均方误差准则不断调整自适应滤波器的参数，最终得到的误差信号 e_i 即为经自适应噪声抵消器提取得到的含噪胎儿心电信号的最佳估计 $\hat{r}_i$。图 8.12 中的自适应滤波器可由基于 LMS、NLMS 等的自适应滤波算法来构建。

在自适应滤波器的诸多实现形式中，应用最广泛的是由 Widrow 和 Hoff 提出的随机梯度算法，该算法称为最小均方（LMS）算法。LMS 算法的流程如下。

（1）初始化

$$0 < \mu < \frac{1}{\lambda_{\max}}, \quad \boldsymbol{W} = [w(0)\ w(1)\ \cdots\ w(M)] = \boldsymbol{0} \tag{8.2}$$

式中，μ 是常数，代表步长因子；$\lambda_{\max}$ 是 $x(n)$ 的相关矩阵的最大值；$\boldsymbol{W}$ 是自适应滤波系数权向量；M 是自适应滤波器的阶数。

（2）自适应滤波

$$y(n) = \boldsymbol{W}^{\mathrm{T}} \boldsymbol{X}(n); \quad e(n) = d(n) - y(n); \quad W(n) = W(n-1) + 2\mu e(n)x(n) \tag{8.3}$$

式中，$x(n)$ 是参考信号，即胸部电极采集到的母体心电信号（不含胎儿心电信号）；$d(n)$ 是输入信号，即腹壁电极采集到的胎儿心电信号和母体心电信号的混合信号；$y(n)$是自适应滤波器的输出信号；$e(n)$是估计误差；$X(n)=[x(n)\ x(n-1)\cdots x(n-M)]$ 是$x(n)$的最近 M 个采样值。

设计要求：

编程实现基于 LMS 算法的胎儿心电信号提取算法，并从孕妇心电图 foetal_ecg.dat 中提取胎儿心电信号，显示母体心电信号、母体和胎儿混合心电信号及滤波后的胎儿心电信号的图形（设滤波器阶数 N=8，步长因子 μ=0.000 000 6，信号的点数 M=2500）。

```
%程序: kcsj231.m (填写%后的横线上的绘图程序语句)
%kcsj231.m LMS自适应滤波算法提取胎儿心电信号
clear
clc
load foetal_ecg.dat                    %载入孕妇心电信号
abdominal =foetal_ecg(:,2:6);          %母体腹壁心电
thoraic =foetal_ecg(:,7:9) ;           %母体胸部心电
d= mean(abdominal,2);                   %对腹壁心电信号进行信号平均
x=mean(thoraic,2);                      %对胸部心电信号进行信号平均,得参考信号x(n)
M=2500;                                 %数据长度M=2500
%%%%%%%%
N = 8;                                  %滤波器阶数N=8
mu =0.0000006;                          %步长因子mu
iter=length(x);                         %迭代次数默认为输入信号长度
w=zeros(N,M);    %权系数矩阵w(n),每行代表一个加权参量,每列代表一次迭代,初始为0
e=zeros(M,1);                           %估计误差e(n)
x1=zeros(N,1);
for i=N+1:(N+M-1)                       %将x信号右移N位,以便迭代时进行加权运算
x1(i)=x(i+1-N);
end
%LMS自适应滤波提取胎儿心电
for n=2:iter
x2=x1(n:1:n+N-1);
y(n)=w(:,n-1).'*x2;                     %计算自适应滤波输出y(n)=W'*x2
e(n)=d(n)-y(n);                         %计算e(n),e(n)即自适应滤波提取的胎儿心电信号
w(:,n)=w(:,n-1)+2*mu*x2*e(n);           %权系数迭代
end

_____
%在第1张子图中绘出母体胸部心电信号x(n)

_____
%在第2张子图中绘出母体腹壁心电信号d(n)

_____
%在第3张子图中绘出自适应滤波后的胎儿心电信号e(n)
```

LMS 自适应滤波算法提取孕妇心电图中的胎儿心电信号如图 8.13 所示。

（三）基于 PCA/ICA 联合算法的胎儿心电信号提取

主分量分析（Principal Component Analysis，PCA）又称为主成分分析，是统计分析的一种重要的数据处理方法，可应用于数据挖掘、特征提取、信号恢复和数据压缩等领域。

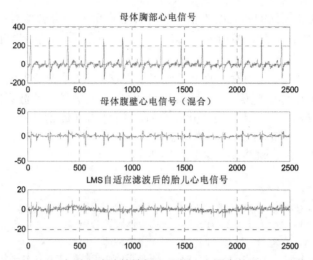

图 8.13　LMS 自适应滤波算法提取孕妇心电图中的胎儿心电信号

PCA 的目的是消除信号间的相关性。设输入 $\boldsymbol{x}$ 是 N 维随机向量

$$\boldsymbol{x}=\begin{bmatrix} x_1 \\ \vdots \\ x_N \end{bmatrix} \tag{8.4}$$

假设 $\boldsymbol{x}$ 的均值 $E(\boldsymbol{x})=m_x$，则其协方差矩阵为

$$\boldsymbol{C}_x = E[\boldsymbol{x}\boldsymbol{x}^{\mathrm{T}}] = \begin{bmatrix} E[x_1^2] & \cdots & E[x_1 x_n] \\ \vdots & \ddots & \vdots \\ E[x_n x_1] & \cdots & E[x_n^2] \end{bmatrix} \tag{8.5}$$

PCA 的目的是寻找一正交变换矩阵 $\boldsymbol{W}$，对输入的随机向量 $\boldsymbol{x}$ 进行正交变换，使得输出的随机向量 $\boldsymbol{y}$ 中的各随机向量彼此不相关，即相互正交

$$\boldsymbol{y}=\boldsymbol{W}\boldsymbol{x} \Rightarrow \begin{bmatrix} y_1 \\ \vdots \\ y_n \end{bmatrix} = \begin{bmatrix} w_{11} & \cdots & w_{1n} \\ \vdots & \ddots & \vdots \\ w_{n1} & \cdots & w_{nn} \end{bmatrix} \begin{bmatrix} x_1 \\ \vdots \\ x_n \end{bmatrix} \tag{8.6}$$

$\boldsymbol{y}$ 的协方差矩阵为对角阵

$$\boldsymbol{C}_y = E[\boldsymbol{y}\boldsymbol{y}^{\mathrm{T}}] = \begin{bmatrix} E[y_1^2] & \cdots & E[y_1 y_n] \\ \vdots & \ddots & \vdots \\ E[y_n y_1] & \cdots & E[y_n^2] \end{bmatrix} = \begin{bmatrix} \lambda_1 & \cdots & 0 \\ \vdots & \ddots & \vdots \\ 0 & \cdots & \lambda_n \end{bmatrix} \tag{8.7}$$

将特征值 $\lambda_1 \sim \lambda_n$ 从大到小进行排列，前 m 个较大的特征值 $\lambda_1 \sim \lambda_m$ 对应的输入信号分量可代表信号中的主要信息。舍弃后面的含很少信息的一些成分，从而压缩数据空间。取前 m 个特征值对应的特征向量，经转置得到一个 $m \times N$ 的矩阵 $\boldsymbol{W}_m$。对 $\boldsymbol{x}$ 进行主分量变换，得矩阵 $\boldsymbol{y}$，即

$$\boldsymbol{y}=\boldsymbol{W}_m(\boldsymbol{x}-m_x) \tag{8.8}$$

式中，$\boldsymbol{y}$ 是信号的 m 个主分量组成的矩阵，尺寸为 $m \times N$。

根据以下公式重建 $\boldsymbol{x}$

$$\boldsymbol{X}_s = \sum_{i=1}^{m} y_i W_i + m_x \tag{8.9}$$

x 与 X_s 之间总的均方误差为

$$\text{ems}=E[(\boldsymbol{x}-\boldsymbol{X}_s)(\boldsymbol{x}-\boldsymbol{X}_s)^{\mathrm{T}}]=\sum_{j=m+1}^{N}\lambda_j \tag{8.10}$$

可根据误差要求来选取特征向量的个数 m。主分量变换的优点是：去相关性好且在均方误差准则下的失真度最小。

独立分量分析（Independent Component Analysis，ICA）是一种盲信号分离技术，与主分量分析相比，不仅去除了信号的相关性，而且要求各高阶统计量独立，从而实现了统计意义上的独立分析。ICA 的计算方法是：首先对信号 x 进行白化，即去除各信号分量之间的相关性，然后完成信号中各独立成分之间的分离，常采用固定点算法（FastICA），它是一种快速寻优迭代算法，若采用负熵为判据，则其目标函数为

$$J_G(w)=[E\{G(wx)\}-E\{G(v)\}]^2 \tag{8.11}$$

式中，$G(.)$ 是非线性函数，v 是满足标准高斯分布的随机变量。由此可得到一个独立分量的迭代公式

$$\boldsymbol{w}_i(k+1)=E\{z f[\boldsymbol{w}_i^{\mathrm{T}}(k)z]\}-E\{f'[\boldsymbol{w}_i^{\mathrm{T}}(k)z]\}\boldsymbol{w}_i(k) \tag{8.12}$$

$$\boldsymbol{w}_i(k+1)\leftarrow\frac{\boldsymbol{w}_i(k+1)}{\|\boldsymbol{w}_i(k+1)\|_2} \tag{8.13}$$

式中，z 是对 x 进行白化后得到的。采用负熵为判据的固定点算法的步骤如下：

（1）将 x 去均值，然后加以白化得到 z；

（2）任意选择 $\boldsymbol{w}_i$ 的初值 $\boldsymbol{w}_i(0)$，要求 $\|\boldsymbol{w}_i(0)\|_2=1$；

（3）令 $\boldsymbol{w}_i(k+1)=E\{z f[\boldsymbol{w}_i^{\mathrm{T}}(k)z]\}-E\{f'[\boldsymbol{w}_i^{\mathrm{T}}(k)z]\}\boldsymbol{w}_i(k)$；

（4）归一化 $\boldsymbol{w}_i(k+1)\leftarrow\dfrac{\boldsymbol{w}_i(k+1)}{\|\boldsymbol{w}_i(k+1)\|_2}$；

（5）如未收敛，则返回步骤（3）；

（6）令 $i=i+1$，若 $i<m$（m 为要估计的分量个数），则返回步骤（2）。

上面分别介绍了 PCA 和固定点算法，所测得孕妇的心电信号实际上是母体心电信号、胎儿心电信号及其他各种相互独立的干扰信号合成的。可用固定点算法对这些独立分量进行分离，但是通过固定点算法分离出来的各独立分量的顺序是不固定的，要想从中提取所需分量，需对其波形了解一些先验知识，而 PCA 恰好能弥补这一不足。因为 PCA 分离出来的各分量是按能量大小顺序排列的，顺序基本固定，因此可将固定点算法和 PCA 结合起来，以便更准确地提取胎儿心电信号，该算法能够充分发挥这两种方法的优势，使信号分离的准确度得以提高。

设计要求：

（1）编程实现：读取孕妇心电信号文件 foetal_ecg.dat，显示孕妇腹壁心电信号（第 1～5 通道）及胸部心电信号（第 6～8 通道）的波形。

```
%程序:kcsj232.m 基于 PCA/ICA 联合算法的胎儿心电信号提取（在%后的横线上填入注释）
clear
clc
load FOETAL_ECG.dat                      %_____
x=FOETAL_ECG';%                          %x 为孕妇心电信号（共 8 个通道的波形）
for i=1:8
    figure(1)
```

```
    subplot(8,1,i);plot(x(1,:),x(i+1,:));hold on;    %_____
    str=strcat('孕妇心电信号',num2str(i));            %_____
    title(str); grid on;                             %_____
end
msgbox('1-5:腹壁心电;6,7,8:胸部心电');               %_____
```

（2）编程实现：对孕妇腹壁心电信号进行主分量分析（PCA），显示孕妇心电主分量信号，心电主分量信号的个数为 5。在这 5 个心电主分量信号中，哪个与胎儿心电信号最相关？为什么（提示：胎儿的心率高于孕妇的心率）？用变量 PCA_FECG 表示此主分量信号的波形。

```
%接上一段程序: kcsj232.m （在%后的横线上填入注释）
y=x(2:6,:);                              %y:腹壁心电信号 1~5 通道数据
y=y';
[COEFF,LATENT,EXPLAINED]=pcacov(y);      %对 y 进行主分量变换
x1=y*COEFF;                              %孕妇心电主分量信号 x1
for i=1:5
    figure(2)                           %_____
    subplot(5,1,i); plot(x1(:,i));      %_____
    str=strcat('孕妇心电主分量',num2str(i));
    title(str);
grid on;
end
```

孕妇心电信号如图 8.14 所示。

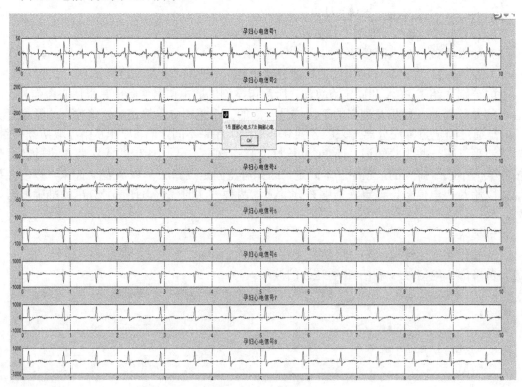

图 8.14　孕妇心电信号

孕妇心电主分量信号的波形如图 8.15 所示。

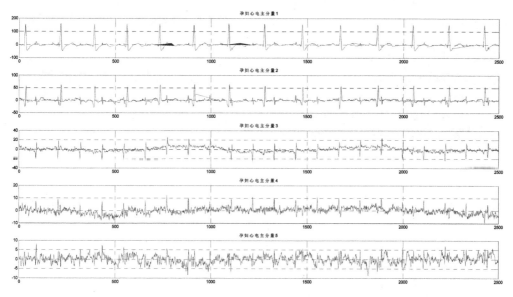

图 8.15　孕妇心电主分量信号的波形

信号分析：孕妇心电主分量信号是按能量大小的顺序排列的，显然能量靠前的应该是母体心电信号，接下来是胎儿心电信号，最后是干扰噪声信号，如图 8.15 所示。从图中可以明显看出，第 1 路信号和第 2 路信号是母体心电信号，而第 3 路信号的心率明显高于第 1 路和第 2 路信号，可见它是胎儿心电信号，用变量 PCA_FECG 表示。

（3）编程实现：对孕妇腹壁心电信号进行固定点算法的独立分量分析（FastICA），显示分离出的孕妇心电信号的 5 个独立分量波形，设变量名分别为 ICA1～ICA5。

```
%接上一段程序：kcsj232.m (在%后的横线上填入注释)
x2=fastica(y');       %对腹壁心电信号做固定点算法独立分量分析(FastICA)
x1=x1';
for i=1:5
figure(3)                          %_____
subplot(5,1,i);plot(x2(i,:));     %_____
str=strcat('心电信号独立分量',num2str(i));
title(str);
end
```

孕妇心电信号的独立分量波形如图 8.16 所示。

（4）编程实现：将这 5 个独立分量 ICA1～ICA5 与 PCA_FECG 做互相关运算，计算相关系数，以表格形式表示。哪一路信号与 PCA_FECG 的相关系数最大，这路信号就是通过固定点算法和 PCA 联合算法提取出的胎儿心电信号，新建一个图形窗口，显示其波形。

```
%接上一段程序 kcsj232.m (在%后的横线上填入注释)
PCAFECG=x1(3,:);   %_____
PCAFECG=PCAFECG';
ICAECG=x2';
```

```
for i=1:5
f=corrcoef(ICAECG(:,i),PCAFECG);
R(i)=f(1,2);                          %求各独立分量与 PCA_FECG 的相关系数
end
[maxx,j]=max(abs(R(:)));             %_____
jieguo=ICAECG(:,j);                  % jieguo 为最大相关系数对应的独立分量
figure(4)
subplot(513);plot(jieguo);hold on;   %_____
title('基于 ICA/PCA 算法的胎儿心电信号分离结果');
```

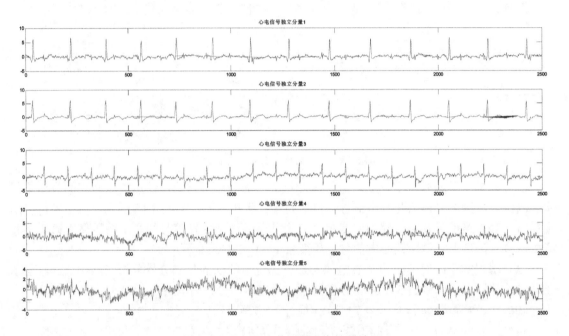

图 8.16　孕妇心电信号的独立分量波形

信号分析：独立分量与 PCA_FECG 的相关系数如表 8.1 所示。由表 8.1 可以清楚地看到，分离出的第 2 路信号 ICA2 与 PCA_FECG 有最大的相关系数，它就是通过 ICA/PCA 联合算法提取出的胎儿心电信号，其波形如图 8.17 所示。

表 8.1　独立分量与 PCA_FECG 的相关系数

	ICA1	ICA2	ICA3	ICA4	ICA5
ICAs 与 PCA_FECG 的相关系数	0.0794	0.8201	0.0316	0.2444	0.5102

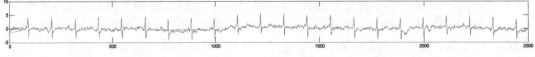

图 8.17　用 ICA/PCA 联合算法提取出的胎儿心电信号的波形

课程设计项目 3　振动信号处理

9.1　振动信号的时域及频域分析

一、课程设计研究背景

振动是指物体或结构随时间变化相对其平衡位置所做的往复运动，通常用位移、速度和加速度来描述，它是一种普遍存在的自然现象，如地震、汽车驶过桥梁引起的振动，机器运转引起的振动等，振动会对周围环境或机器结构造成不利的影响。振动信号处理是指通过数值计算的方法对振动测试所得的信号进行分析、加工和识别，以提取其中的有用信息。

二、课程设计目标要求

基于 MATLAB 软件对振动信号进行基本的时域及频域分析，如在时域中对地震信号进行预处理，消除其中的趋势项及噪声干扰、测量振动位移信号，在频域中对地震信号进行 FFT 谱分析、计算振动测试信号的三分之一倍频程谱等，对实验结果进行分析并撰写 4000～5000 字的课程设计论文。课程设计论文包含以下内容。

1）题目、摘要、关键词、引言。
2）内容：振动信号的时域及频域分析。
3）包括：理论、程序（含注释）、图形、结果分析。
4）结论、参考文献。

三、课程设计内容与参考

设计 MATLAB 程序模块，实现以下功能。

（一）振动信号的时域处理

1. 地震信号的预处理

（1）基于最小二乘法的地震波趋势项消除

设计要求：地震响应信号如图 9.1 的上图所示，由于存在周围环境的干扰，其中混入了不需要的趋势项（趋势项为 4 次函数 $y=a_0-a_1k-a_2k^2-a_3k^3-a_4k^4$，$k=1\sim n$），该趋势项会直接影响信号的正确性。编程实现：采用最小二乘法将其去除（图 9.1 的下图），列出程序清单并显示结果波形。

常用的消除趋势项的方法为最小二乘法，该方法的基本原理如下。设振动信号采样数据为 x_k（$k=1,2,\cdots,n$），设一个多项式函数

$$\hat{x}_k = a_0 + a_1k + a_2k^2 + \cdots + a_mk^m \quad (k=1,2,\cdots,n) \tag{9.1}$$

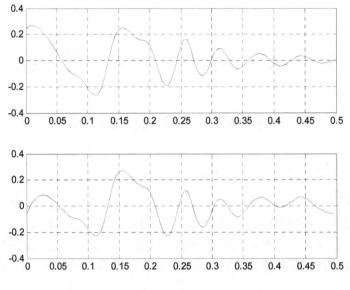

图 9.1　消除地震信号中的趋势项

确定各待定系数 a_j（j=0,1,$\cdots$,m），其中 m 为多项式的阶数，使 $\hat{x}_k$ 与 x_k 的误差平方和 E 最小

$$E = \sum_{k=1}^{n}(\hat{x}_k - x_k)^2 \tag{9.2}$$

E 有极值的条件为 $\dfrac{\partial E}{\partial a_i}=0$（$i=1,2,\cdots,m$），依次取 E 对 a_i 求偏导，可产生一个 m+1 元线性方程组，解该方程组，求出 m+1 个待定系数 a_j（j=0,1,$\cdots$,m）。

```
%kcsj311.m 最小二乘法消除地震信号的趋势项（在%后的横线上填入注释）
clear
clc
sf=200;                        %采样频率值
m=4;                           %拟合多项式阶数
load y                         %_____
x=y(1:100)';                   %_____
n=length(x);                   %_____
t=(0:1/sf:(n-1)/sf)';
a=polyfit(t,x,m);              %采用最小二乘法求出多项式的待定系数 a
y=x-polyval(a,t);             %采用最小二乘法进行多项式拟合,并消除趋势项
subplot(211);plot(t,x);grid on;    %_____
subplot(212);plot(t,y);grid on;    %_____
```

（2）基于五点滑动平均法的地震信号消噪

设计要求：地震响应信号如图 9.2 的上图所示，其中含有随机干扰信号，该波形有许多毛刺，为了减小干扰信号的影响，对其采用五点滑动平均法进行消噪（图 9.2 的下图），公式为

$$y_1 = \frac{1}{5}(3x_1 + 2x_2 + x_3 - x_4)$$

$$y_2 = \frac{1}{10}(4x_1 + 3x_2 + 2x_3 + x_4)$$

$$\vdots$$

$$y_i = \frac{1}{5}(x_{i-2} + x_{i-1} + x_i + x_{i+1} + x_{i+2}) \quad (i = 3, 4, \cdots, m-2)$$

$$\vdots$$

$$y_{m-1} = \frac{1}{10}(x_{m-3} + 2x_{m-2} + 3x_{m-1} + 4x_m)$$

$$y_m = \frac{1}{5}(-x_{m-3} + x_{m-2} + 2x_{m-1} + 3x_m)$$

(9.3)

式中，x 是采样数据；y 是消噪后的结果；m 是数据点数。

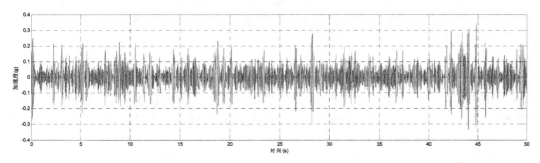

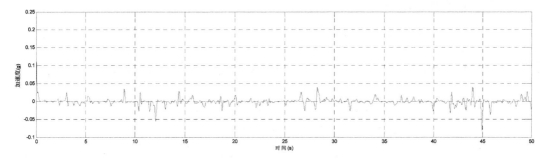

图 9.2　用五点滑动平均法对地震响应信号进行消噪

```
%kcsj312.m 五点滑动平均法对地震响应信号进行消噪处理以消除干扰（在%后的横线上填入注释）
clear
clc
sf=200;            %采样频率值
m=100;             %平滑次数
load y             %_____
x=y';
n=length(x);
t=(0:1/sf:(n-1)/sf)';
a=x;
```

```
for k=1:m        %_____
    b(1)=(3*a(1)+2*a(2)+a(3)-a(4))/5;
    b(2)=(4*a(1)+3*a(2)+2*a(3)+a(4))/10;
    for j=3:n-2
        b(j)=(a(j-2)+a(j-1)+a(j)+a(j+1)+a(j+2))/5;
    end
    b(n-1)=(a(n-3)+2*a(n-2)+3*a(n-1)+4*a(n))/10;
    b(n)=(-a(n-3)+a(n-2)+2*a(n-1)+3*a(n))/5;
    a=b;
end
y=a;
figure(1)
subplot(2,1,1);plot(t,x);xlabel('时间(s)');ylabel('加速度(g)');grid on; %___
subplot(2,1,2);plot(t,y);xlabel('时间(s)');ylabel('加速度(g)');grid on; %___
```

思考：对原信号 x 及消噪后的信号 y 进行快速傅里叶变换（$N=256$），观察幅频谱波形，由此可得出什么结论？

2. 振动位移信号的测量

在振动信号测试中，由于仪器设备或测试环境的限制，有的物理量需要通过对采集到的物理量进行转换处理才能得到，如在振动台上进行的高层楼房模型试验中，要测试模型上的测点相对于台面上的振动位移信号是非常困难的，可对速度信号进行积分来得到振动位移信号。

设计要求：基于 MATLAB 编程，利用辛普森数值积分公式对速度信号 $x(k)$ 求积分，得振动位移信号 $y(k)$（如图 9.3 所示）

$$y(k) = \Delta t \sum_{i=1}^{k} \frac{x(i-1)+4x(i)+x(i+1)}{6} \qquad (k=0,1,2,\cdots,N) \tag{9.4}$$

式中，$x(k)$ 是 $x(t)=\sin(2t)+\sin(0.6t)+\sin(3t)$ 经 $f_s=300$Hz 采样所得的离散速度信号；Δt 是采样时间步长。

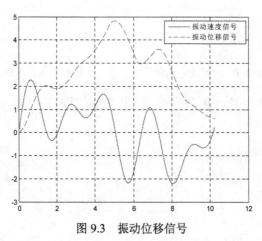

图 9.3　振动位移信号

```
%kcsj313.m
clear
```

```
clc
format long
sf=300;                            %采样频率值
f1=0.6;f2=1;f3=2;f4=3;
t=0:1/sf:(1024*3-1)/sf;            %_____
x=sin(f3*t)+sin(f1*t)+sin(f4*t);   %_____
t1=1/sf;
yvs(1)=t1*(x(1)+x(2))/2;           %_____
n=length(t);                       %_____
for k=2:n-1                 %辛普森数值积分公式对 x 求时域积分,得振动位移信号 yvs
yvs(k)=yvs(k-1)+t1*(x(k-1)+4*x(k)+x(k+1))/6;
end
yvs(n)=yvs(n-1);                   %_____
plot(t,x,t,yvs);grid on;legend('振动速度信号','振动位移信号');
```

（二）振动信号的频域处理

1. 基于 FFT 算法分析地震波中的频率成分

设计要求：地震波是由各种地球表面运动与地壳运动等复杂运动混杂而产生的波，其含有多种多样的频率成分，通过编程实现基于 FFT 算法对从地震波信号中截取的 P 波信号、S 波信号和面波信号进行频谱分析，提取其中的频率成分，并绘出各自的原始信号及幅频谱。本课程设计的数据来自首都圈地震记录文件中的地震波数据文件 hns.dat、hns1.dat（P 波数据）、hns2.dat（S 波数据）及 hns3.dat（面波数据）（采样频率 f_s=50Hz）。

```
%kcsj314.m(在%后的横线上填入注释)
load hns.dat ;                     %读取地震波数据文件
Xt=hns;                            %_____
Fs=50;                             %_____
dt=1/Fs;
N=length(Xt);                      %_____
Xf=fft(Xt);                        %_____
subplot(421),plot([0:N-1]/Fs,Xt); %_____

xlabel('时间/s'),title('地震波时域波形');grid on;
subplot(422),plot([0:N-1]/(N*dt),abs(Xf)*2/N); %_____
xlabel('频率/Hz'),title('地震波幅频图');ylabel('振幅');xlim([0 2]);grid on;
load hns1.dat ;                    %读取 P 波数据文件
Xt=hns1;
Fs=50;
dt=1/Fs;
N=length(Xt);
Xf=fft(Xt);
subplot(423),plot([0:N-1]/Fs,Xt);
xlabel('时间/s'),title('P 波时域波形');grid on;
subplot(424),plot([0:N-1]/(N*dt),abs(Xf)*2/N);
```

```
xlabel('频率/Hz'),title('P 波幅频图');ylabel(' 振幅');xlim([0 2]);grid on;
load hns2.dat ;                        %读取 S 波数据文件
Xt=hns2;
Fs=50;
dt=1/Fs;
N=length(Xt);
Xf=fft(Xt);
subplot(425),plot([0:N-1]/Fs,Xt); xlabel('时间/s'),title('S 波时域波形');grid on;
subplot(426),plot([0:N-1]/(N*dt),abs(Xf)*2/N); xlabel('频率/Hz'),title('S 波
幅频图');
ylabel('振幅');xlim([0 2]); grid on;
load hns3.dat ;                        %读取面波数据文件
Xt=hns3;
Fs=50;
dt=1/Fs;
N=length(Xt);
Xf=fft(Xt);
subplot(427),plot([0:N-1]/Fs,Xt);     xlabel(' 时间 /s'),title(' 面波时域波形
');grid on;
subplot(428),plot([0:N-1]/(N*dt),abs(Xf)*2/N);%绘制信号的振幅谱
xlabel('频率/Hz'),title('面波幅频图');ylabel('振幅');xlim([0 2]);grid on;
```

地震波信号中各频率成分的频谱分析结果如图 9.4 所示。

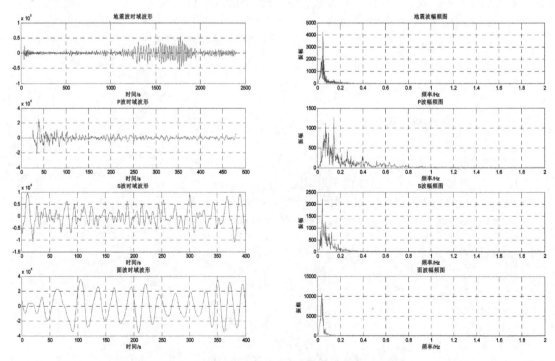

图 9.4　地震波信号中各频率成分的频谱分析结果

数据分析： 地震波经过傅里叶变换之后，不同地震震相的频谱分布特征是不一样的。

（1）P 波的频谱分布中的高频成分居多，最高为_____Hz。

（2）S 波成分次之，频率范围是_____～_____Hz。

（3）面波的频谱分布中主要是低频成分，频率范围是_____～_____Hz。

2．振动信号的三分之一倍频程谱

三分之一倍频程谱是一种频域分析方法，具有谱线少、频带宽的特点，常用于声学、人体振动、机械振动等测试分析中。由于人耳听觉的频率范围为 20～20 000Hz，范围非常广，若采用等宽频程，则要表现低频到高频的声音信息所需的数据量非常大，所以一般采用倍频程。倍频程谱是由一系列频率点及对应于这些频率点附近频带内信号的平均幅度（有效值）所构成的。这些频率点称为中心频率 f_c，f_c 附近的频带处于下限频率 f_l 和上限频率 f_u 之间。根据我国现行标准规定，三分之一倍频程的中心频率为 f_c=1Hz、1.25Hz、1.6Hz、2Hz、2.5Hz、3.15Hz、4Hz、5Hz、6.3Hz、8Hz、10Hz 等。每隔三个中心频率，频率值增大为原来的两倍。三分之一倍频程的上限频率、下限频率及中心频率之间的关系是

$$\frac{f_u}{f_l} = 2^{1/3}, \qquad \frac{f_c}{f_l} = 2^{1/6}, \qquad \frac{f_u}{f_l} = 2^{1/6} \tag{9.5}$$

三分之一倍频程带宽为

$$\Delta f = f_u - f_l \tag{9.6}$$

设计要求： 利用 MATLAB 编程，画出一个实测振动信号的功率谱及其三分之一倍频程谱（如图 9.5 所示）。方法是：按照不同的中心频率，对采样信号进行带通滤波，然后计算出滤波后数据的均方根值（有效值），即三分之一倍频程谱，该处理方法称为"恒定百分比带宽滤波法"。

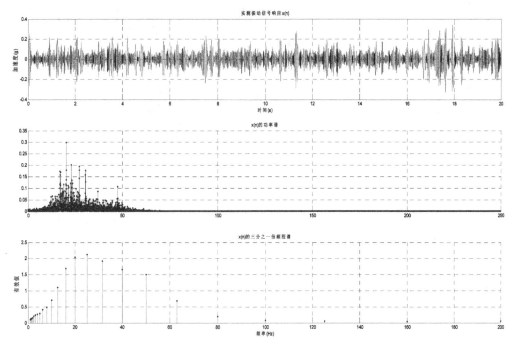

图 9.5　振动信号的功率谱及三分之一倍频程谱

```
%kcsj315.m  （在%后的横线上填入注释）
clear
clc
format long      %_____
sf=500;          %采样频率
load y           %载入实测振动信号 y
x=y;
f=[1.00 1.25 1.60 2.00 2.50 3.15 4.00 5.00 6.30 8.00]; %定义三分之一倍频程的中
心频率 fc
fc=[f,10*f,100*f,1000*f,10000*f];
oc6=2^(1/6);       %中心频率与下限频率的比值
nc=length(fc);   %取中心频率总长度 nc
n=length(x);     %_____
nfft=2^nextpow2(n);%大于并最接近 n 的 2 的幂次方长度
a=fft(x,nfft);   %_____
for j=1:nc
    fl=fc(j)/oc6;         %下限频率 fl
    fu=fc(j)*oc6;         %_____
    nl=round(fl*nfft/sf+1); %_____
    nu=round(fu*nfft/sf+1); %_____
    if fu>sf/2           %若上限频率大于折叠频率,则跳出本级循环
        m=j-1;break
    end
    b=zeros(1,nfft);         %采用 FFT 算法以每个中心频段为通带进行带通滤波
    b(nl:nu)=a(nl:nu);
    b(nfft-nu+1:nfft-nl+1)=a(nfft-nu+1:nfft-nl+1);
    c=ifft(b,nfft);
    yc(j)=sqrt(var(real(b(1:n))));%计算每个中心频段数据的有效值
end
t=0:1/sf:(n-1)/sf;
PSD=a.*conj(a)/nfft;         %_____
f=sf/nfft*(0:nfft/2-1);      %_____
subplot(311);plot(t,x);grid on;xlabel('时间(s)');ylabel('加速度(g)');
title('实测振动信号响应 x(n)'); % subplot(312);stem(f,PSD(1:nfft/2),'.');grid on;
title('x(n)的功率谱');          %_____
subplot(313);stem(fc(1:m),yc(1:m) ,'.');grid on;title('x(n)的三分之一倍频程谱');
xlabel('频率(Hz)');ylabel('有效值');  %画三分之一倍频程谱 yc
```

数据分析：

（1）信号 $x(n)$ 的功率谱的频率范围是_____～_____Hz，信号 $x(n)$ 的三分之一倍频程谱的频率范围是_____～_____Hz。与功率谱相比，三分之一倍频程谱有何特点？

（2）读出并显示三分之一倍频程谱中的中心频率值（前 10 个），与理论值是否一致？

9.2　基于振动信号分析的电机轴承故障检测

一、课程设计研究背景

滚动轴承是支承旋转轴的关键部件，容易发生损坏，其故障是电动机最常见的故障之一。轴承故障的诊断方法有很多，其中，振动分析法是一种较实用的方法，其优点在于振动发自轴承本身，无须另加信号源，测试方便，可发现轴承的早期故障。

二、课程设计目标要求

使用数字信号处理算法对电机振动信号进行分析，从中检测电机轴承故障特征频率并判断轴承故障的类型，对实验结果进行分析并撰写 4000～5000 字的课程设计论文。课程设计论文包含以下内容。

1）题目、摘要、关键词、引言。

2）内容：基于振动信号分析的电机轴承故障检测。

3）包括：理论、程序（含注释）、图形、结果分析。

4）结论、参考文献。

三、课程设计内容与参考

设计 MATLAB 程序模块，实现以下功能。

（一）轴承振动信号读取与显示

滚动轴承由外圈、内圈、滚动体和保持架组成，工作时外圈与轴承座或机壳相连接，固定或相对固定，内圈与机械传动轴相连接，随轴一起转动。当滚动轴承表面发生损伤故障（如内圈、滚动体或外圈出现点蚀、裂纹或剥落等）时，根据不同的损伤部位，可按以下公式分别计算轴承故障特征频率（以外圈和内圈剥落一点为例）

外圈　　　　　　　　$$f_0 = 0.5Zf(1 - \frac{d}{E}\cos\alpha) \tag{9.7}$$

内圈　　　　　　　　$$f_1 = 0.5Zf(1 + \frac{d}{E}\cos\alpha) \tag{9.8}$$

式中，f_0 是外圈故障特征频率；f_1 是内圈故障特征频率；Z 是滚动体的个数；$f = n/60$ 是转轴的转动频率，n 是转轴的转速；d 是滚动体的直径；E 是轴承的节径；α 是接触角。

轴承故障诊断的实验数据来源于美国凯斯西储大学的轴承试验台测试数据，试验轴承支承电机主轴，试验轴承为 6205—2RS JEM SKF，在其内圈、外圈和滚动体上应用电火花技术分别加工了直径为 0.187 78mm、深 0.279 4mm 的凹坑来模拟单点损伤。在电机主轴驱动端轴承座上对应轴承的正下方（轴承负荷区）设置加速度传感器测试轴承振动信号，采样频率 f_s=12 000Hz，试验中电机负荷为 0，转速 n=1797r/min，转动频率 $f = n/60$=29.95Hz，滚动体的个数 Z=9，接触角 α=0°，滚动体的直径 d=0.312 6mm，轴承的节径 E=1.537mm，根据式（9.7）和式（9.8）计算，得外圈和内圈的轴承故障特征频率的理论值分别为 f_0=107.36Hz、f_1=162.19Hz。

设计要求： 读取电机轴承振动信号数据文件 156.mat 与 105.mat，显示时域波形。

（二）基于小波分析与希尔伯特变换的电机轴承故障诊断

当轴承表面出现局部损伤时，其在运转过程中，轴承的其他零件会周期性地撞击损伤点，产生的冲击力激励轴承座及其支撑结构，形成一系列由冲击激励产生的减幅振荡，减幅振荡发生的频率即故障特征频率，根据该频率可判断发生故障的部位。然而故障信号在轴和轴上多种零部件振动的干扰下往往被淹没，这些干扰主要包括：（1）冲击信号的宽频带性质会激起轴承结构及传感器本身在各自的固有频率上发生谐振，所以轴承振动信号还含有故障特征频率的高次谐波分量；（2）由于存在轴向间隙，冲击信号还要对轴承的高频固有振动信号进行调制，因此故障信号被其他振动干扰而无法直接通过频谱分析检测出故障特征频率。使用小波变换的方法可进行多分辨率分解，对轴承振动信号进行小波变换，提取其中具有故障特征的细节信号进行重构，并对该重构信号做 Hilbert 包络谱分析，从中可检测出轴承的故障特征频率，据此判断故障类型。

1. 小波分析提取含故障特征频率的细节信号

小波是一种均值为零、很快衰减的瞬时振荡函数，小波分析是一种时频分析方法，它利用一系列伸缩和平移的小波函数对信号进行展开，该过程等效于用一系列不同频带的高通和低通滤波器将信号分解成若干层次的高频细节信号及低频概貌信号，可对信号进行多分辨率分解，被誉为"数学显微镜"。小波分析的步骤包括分解与重构，为在计算机上实现小波分析，可根据二进离散小波变换的快速算法——Mallat 算法进行计算，小波变换公式为

$$c_{j,k} = \sum_m h_0(m-2k)c_{j-1,m}, \quad d_{j,k} = \sum_m h_1(m-2k)c_{j-1,m} \quad (j=1,2,\cdots,n) \tag{9.9}$$

式中，$c_{j,k}$ 是第 j 级小波分解所得的低频系数，设 $c_{0,k}$ 为原信号 $x(k)$；n 是小波分解的级数；$d_{j,k}$ 是第 j 级小波分解所得的高频系数；$h_0(k)$ 是离散尺度序列，为一低通滤波器的滤波系数；$h_1(k)$ 是离散小波序列，为一高通滤波器的滤波系数。不同类型的小波，如 Daubechies 小波、Haar 小波、墨西哥草帽小波等，其滤波系数 $h_0(k)$ 与 $h_1(k)$ 均不相同。序列 $\{d_{n,k}, d_{n-1,k}, \cdots, d_{1,k}, c_{1,k}\}$ 是 $x(k)$ 的二进离散小波变换。利用小波分解系数重构原信号的公式为

$$c_{j-1,k} = C_{j,k} + D_{j,k}$$
$$C_{j,k} = \sum_m h_0(k-2m)c_{j,m}, \quad D_{j,k} = \sum_m h_1(k-2m)d_{j,m} \quad (j=1,2,\cdots,n) \tag{9.10}$$

根据式（9.9）和式（9.10）对轴承振动信号进行小波分解与重构，可获得其各层的概貌信号 $C_{j,k}$ 及细节信号 $D_{j,k}$，其中，幅度最大的细节信号包含轴承故障特征频率。

2. Hilbert 变换包络谱检测轴承故障特征频率

含有轴承故障特征频率的细节信号是一种调幅信号，它是故障信号对轴承的高频固有振动进行幅度调制形成的，设其为 $f(t)=A(t)\cos(2\pi f_m t)$，其中，$A(t)$ 是故障信号，f_m 是轴承固有振动频率。Hilbert 变换可对调幅信号进行包络解调，即从 $f(t)$ 中提取 $A(t)$。信号 $f(t)$ 的 Hilbert 变换 $\hat{f}(t)$ 是 $f(t)$ 与 $h(t)=\dfrac{1}{\pi t}$ 的卷积，公式如下

$$\hat{f}(t) = f(t) * h(t) = f(t) * \frac{1}{\pi t} = \int_{-\infty}^{\infty} \frac{f(\tau)}{t-\tau}d\tau \tag{9.11}$$

对 $\hat{f}(t)$ 做傅里叶变换，得

$$\hat{F}(j\omega) = F(j\omega)H(j\omega) = F(j\omega)[-j\mathrm{sgn}(\omega)] = \begin{cases} -jF(j\omega) & \omega > 0 \\ jF(j\omega) & \omega < 0 \end{cases} \tag{9.12}$$

所以 $f(t)$ 的 Hilbert 变换可视为 $f(t)$ 通过一个幅度为 1 的全通滤波器后的输出，其正频率成分做 $-90°$ 相移，负频率成分做 $+90°$ 相移，则信号 $f(t)$ 的 Hilbert 变换为

$$\hat{f}(t) = A(t)\cos(2\pi f_{\mathrm{m}}t - 90°) = A(t)\sin(2\pi f_{\mathrm{m}}t) \tag{9.13}$$

设 $f(t)$ 的解析信号为 $s(t)=f(t)+j\hat{f}(t)$，则

$$|s(t)| = \sqrt{f^2(t) + \hat{f}^2(t)} = \sqrt{A^2(t)\cos^2(2\pi f_{\mathrm{m}}t) + A^2(t)\sin^2(2\pi f_{\mathrm{m}}t)} = A(t) \tag{9.14}$$

因此可利用 Hilbert 变换提取 $f(t)$ 的包络，即故障信号 $A(t)$，再用傅里叶变换对其进行功率谱分析，功率谱中幅度最大处的频率即故障特征频率。

设计要求：基于 MATLAB 编程，分别对数据文件 156.mat 和 105.mat 进行以下处理。使用快速傅里叶变换对信号做功率谱，由于振动信号采样点数 $N=12\,000$，因此 FFT 点数 N_{FFT} 应大于 N，且是 2 的指数次方，故取 $N_{\mathrm{FFT}}=2^{14}=16\,384$。采用 Daubechies 小波 db2 对轴承振动信号进行 3 级小波分解与重构，滤波系数为 $h_0(k)=\{-0.1294, 0.2241, 0.8365, 0.4830\}$，$h_1(k)=\{-0.4830, 0.8365, -0.2241, -0.1294\}$，对第 1 层细节信号 d_1 进行 Hilbert 包络谱分析，提取并显示其中幅度最大处的频率，该频率即为故障特征频率。分别绘制振动信号、功率谱、小波分解后的各级细节信号和概貌信号 d_1、d_2、d_3、c_3 及 Hilbert 包络谱的波形。

```
%kcsj321.m  (在%后的横线上填入注释)
clear
clc
load 156.mat                 %调入故障轴承振动信号的数据文件,存入 sig
sig=X156_DE_time;
fs=12000;N=12000;Ts=1/fs; sig=sig(1:N); %设置采样频率 fs 和采样点数 N
t=0:Ts:(N-1)*Ts;             %_____
sig=(sig-mean(sig))/std(sig,1); %对 sig 进行归一化
subplot(211);plot(t,sig);   %_____
xlabel('时间 t/s');ylabel('振动加速度/V');
nfft=16384;                  %_____
S=psd(sig,nfft);            %对 sig 做功率谱
subplot(212);plot((0:nfft/2-1)/nfft*fs,S(1:nfft/2)); %_____
xlabel('频率 f/Hz');ylabel('功率谱 P/W')
[c,l] = wavedec(sig,4,'db2');   %利用 db2 对 sig 进行 3 级小波分解
c3= wrcoef('a',c,l,'db2',3); d3 = wrcoef('d',c,l,'db2',3); %重构第 1~3 层细节
信号 d1~d3 和第 3 层概貌信号 c3
d2 = wrcoef('d',c,l,'db2',2);d1 = wrcoef('d',c,l,'db2',1); figure;
subplot(414);plot(t,c3);ylabel('c3'); %绘制 c3
subplot(413);plot(t,d3);ylabel('d3');     %绘制 d3
subplot(412);plot(t,d2);ylabel('d2');     %绘制 d2
subplot(411);plot(t,d1);ylabel('d1');     %绘制 d1
y=hilbert(d1);               %对 d1 进行 Hilbert 变换,得 y
ydata=abs(y);                %_____
```

```
ydata=ydata-mean(ydata);        %对 ydata 去均值(目的是去除幅度较大的直流分量)
P=psd(ydata,nfft);              %_____
figure;
plot((0:nfft/2-1)/nfft*fs,P(1:nfft/2));xlabel('频率 f/Hz');%绘出 d1 的 Hilbert
包络谱
P=P(1:nfft/2);
[M,f1]=max(P);                  %_____
f1=f1*fs/nfft-1                 %故障频率 f1 为包络谱中幅度最大处的频率,显示 f1
```

轴承振动信号的时域波形及功率谱如图 9.6 所示。轴承振动信号的各级小波分解图如图 9.7 所示。第 1 层细节信号 d_1 的 Hilbert 包络谱图如图 9.8 所示。

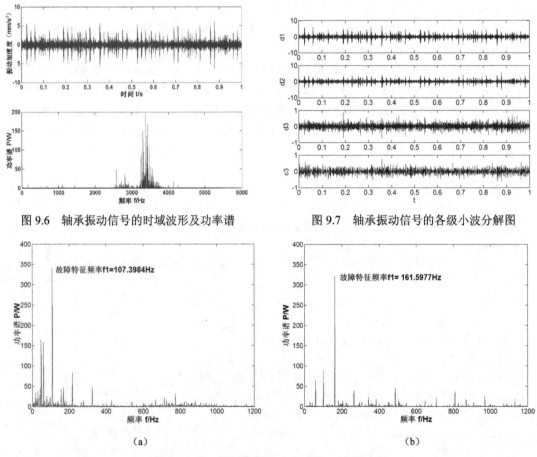

图 9.6　轴承振动信号的时域波形及功率谱　　　　图 9.7　轴承振动信号的各级小波分解图

图 9.8　第 1 层细节信号 d_1 的 Hilbert 包络谱图

数据分析:

（1）首先对振动信号数据文件 156.mat 运行上述程序，如图 9.6 所示，该振动信号功率谱的频率范围是什么？从功率谱中能否检测到故障频率？为什么？

（2）图 9.7 所示为对振动信号做 3 级小波分解与重构所得的第 1～3 层细节信号 d_1～d_3 和第 3 层概貌信号 c_3，对整体幅度较大的细节信号 d_1 做 Hlibert 包络谱，如图 9.8（a）所示，其幅度最大处的频率 f_1=107.398 4Hz，该轴承故障类型是什么？

（3）再用同样方法对振动信号数据文件 105.mat 进行处理，得 d_1 的 Hilbert 包络谱，如图 9.8（b）所示，f_1=161.597 7Hz，该轴承故障类型是什么？

（4）与理论值相比，利用本算法检测外圈和内圈故障特征频率的绝对误差分别是多少？

9.3　数字滤波器在地震信号分析中的应用

一、课程设计研究背景

地震台观测的数据中除有地震震源激发的地震波外，还有地震脉动、波浪式低频干扰、爆破干扰、汽车干扰等，它们会影响地震数据分析的结果。数字滤波器是数字信号处理技术中的重要内容，其作用是保留信号中的有用频率成分、滤除信号中的无用频率成分，为后续的地震数据分析及地震预测打下基础。

二、课程设计目标要求

设计适当类型的 IIR/FIR 数字滤波器，消除地震信号中不同频带的干扰噪声，对实验结果进行分析并撰写 4000～5000 字的课程设计论文。课程设计论文包含以下内容。

1）题目、摘要、关键词、引言。

2）内容：数字滤波器在地震信号分析中的应用。

3）包括：理论、程序（含注释）、图形、结果分析。

4）结论、参考文献。

三、课程设计内容与参考

设计 MATLAB 程序模块，实现以下功能。

（一）波浪式低频干扰的消除

设计要求：本例的数据来源于中国数字地震台网测得的 2003 年甘肃省张掖市民乐县发生的一次地震的一个余震 NS 分向记录，文件名为 ml031025ns.txt，原始波形图含有一个低频的波浪式背景干扰波。通过编程实现：设计 IIR 巴特沃斯高通滤波器来去除此波浪式低频干扰，并绘出原始波形及其幅频谱、高通滤波器幅频响应及滤波后的波形。高通滤波器的阻带边界频率为 0.2Hz，通带波纹为 1dB，阻带衰减为 30dB。

```
%kcsj331.m  （在%后的横线上填入注释）
load ml031025ns.txt      %加载地震波形记录
dt=0.02;                 %采样间隔为 0.02s
x=ml031025ns';
t=n*dt;                  %时间轴 t
N=4196;                  %_____
X=fft(x,N);              %_____
fs=1/dt; ,               %_____
f1=fs/N*(0:N/2-1);       %_____
subplot(221);plot(t,x);title('含波浪式低频干扰的地震信号x(n)');grid on;
```

```
subplot(222);plot(f1,abs(X(1:N/2)));grid on;title('x(n)的幅频谱');
wp=0.5*2*dt;  ws=0.2*2*dt; %根据采样频率将滤波器边界频率进行转换
Rp=1;Rs=30;            %_____
Nn=128;               %_____
[N,Wn]=buttord(wp,ws,Rp,Rs);        %_____
[b,a]=butter(N,Wn,'high');          %设计 Butterworth 高通滤波器
[H,f]=freqz(b,a,Nn,1/dt);           %_____
subplot(223),plot(f,20*log10(abs(H)));
xlabel('频率/Hz');ylabel('振幅/dB');title('IIR 高通滤波器的幅频特性');grid on;
n=0:length(x)-1;
y=filter(b,a,x);            %_____
subplot(224),plot(t,y),title('高通滤波后的输出信号');grid on; %绘制输出信号
xlabel('时间/s')
```

IIR 高通滤波器消除地震信号中的波浪式低频干扰的波形如图 9.9 所示。

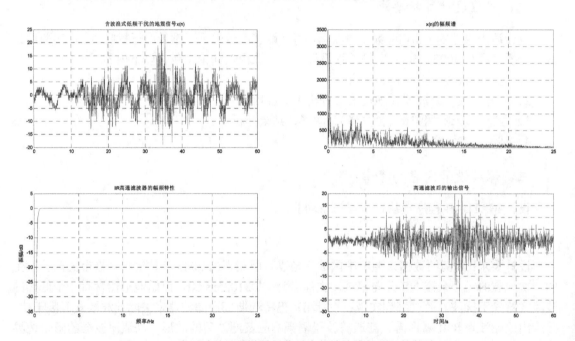

图 9.9　IIR 高通滤波器消除地震信号中的波浪式低频干扰的波形

数据分析：

（1）观察图 9.9 的上方第 2 张子图，地震信号的幅频图中幅度最大值处的频率即对应波浪式低频干扰。

（2）观察图 9.9 的下方第 2 张子图，经高通滤波后，是否消除了该低频干扰？为什么？

（二）爆破干扰的消除

设计要求：地震波还包含爆破干扰，它是一种高频噪声。本例的数据来源于新疆库尔勒地震台记录的 2003 年一远震 UD 分向的 P 波中叠加的一个爆破记录，文件名为 kerl030916ud.txt，爆破频率比地震波的频率高得多。通过编程实现：设计 IIR 巴特沃斯低通滤

波器滤除该爆破干扰，绘出原始波形及其幅频谱、低通滤波器幅频响应及滤波后的波形。低通滤波器的通带边界频率为 1.5Hz，通带波纹为 1dB，阻带边界频率为 2.5Hz，阻带衰减为 30dB。

```
%kcsj332.m(在%后的横线上填入注释)
clear
clc
load ker1030916ud.txt          %_____
Fs=50;                         %采样频率
dt=1/Fs;                       %_____
x=ker1030916ud';               %输入信号
t=[0:(length(x)-1)]*dt;        %_____
N=32784;
X=fft(x,N);                    %_____
fs=1/dt;
f=fs/N*(0:N/2-1);              %_____
%%%%
subplot(221);plot(t,x);
title('含爆破干扰的地震信号 x(n)');grid on;   %绘制输入信号
subplot(222);plot(f,abs(X(1:N/2)));
title('x(n)的幅频谱');grid on;axis([0 2 0 1e7]);
%%%%%
wp=1.5*2/Fs;ws=2.5*2/Fs;       %_____
Rp=1;Rs=30;                    %_____
Nn=128;
[N,Wn]=buttord(wp,ws,Rp,Rs);   %_____
[b,a]=butter(N,Wn);            %_____
[H,f]=freqz(b,a,Nn,Fs);        %_____
subplot(223),plot(f,20*log10(abs(H)));title('IIR 低通滤波器的幅频特性');
xlabel('频率/Hz');ylabel('振幅/dB');grid on;
y=filter(b,a,x);               %_____
subplot(224),plot(t,y),title('低通滤波后的输出信号');
title('输出信号') xlabel('时间/s');grid on;
```

IIR 低通滤波器消除地震信号中的爆破干扰的波形如图 9.10 所示。

数据分析：

（1）观察图 9.10 的上方第 2 张子图，该地震信号的频率范围是什么？

（2）观察图 9.10 的下方第 2 张子图，经低通滤波后，是否消除了爆破干扰？为什么？

（三）汽车干扰的消除

设计要求： 长周期地震信号中叠加的汽车干扰会严重影响数据分析。本例的数据来源于汕头地震台的数字地震数据，文件名为 iir_signaldata.txt，其受到距台站 300m 处的汽车干扰。设系统采样频率为 50Hz，通过编程实现：设计 IIR 巴特沃斯低通滤波器滤除该汽车干扰，绘出原始波形及其幅频谱、低通滤波器幅频响应及滤波后的波形。低通滤波器的通带边界频率为 4Hz，阻带边界频率为 6Hz，通带波纹为 1dB，阻带衰减为 25dB。

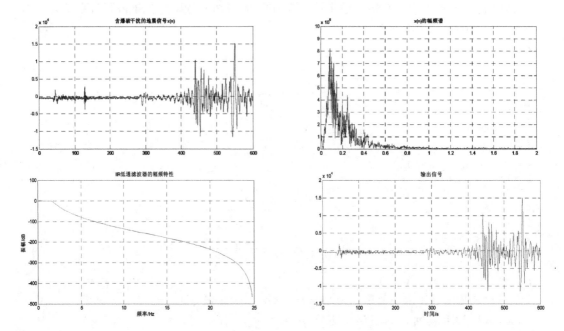

图 9.10　IIR 低通滤波器消除地震信号中的爆破干扰的波形

```
%kcsj333.m （在%后的横线上填入注释）
clear
clc
Fcp=4;Fcs=6;                         %设置通带边界频率为 4Hz,阻带边界频率为 6Hz
load iir_signaldata.txt;             %调入数据文件
Xt=iir_signaldata;                   %原始波形数据
Fs=50;                               %采样频率 50Hz
%%%%%%
N=length(Xt);                        %_____
n=0:N-1;
t=n/Fs;                              %_____
X=fft(Xt,N);                         %_____
f1=Fs/N*(0:N/2-1);                   %_____
subplot(221);plot(t,Xt);title('含汽车干扰的地震信号 x(n)');grid on;
xlabel('时间/s');ylabel('振幅');  %坐标轴标识
subplot(222);plot(f1,abs(X(1:N/2)));grid on;title('x(n)的幅频谱');axis([0 15
0 3e5]);
wp=Fcp*2/Fs;ws=Fcs*2/Fs;             %_____
Rp=1;Rs=25;                          %通带衰减和阻带衰减
Nn=128;                              %绘频谱图所用点数
[N,Wn]=buttord(wp,ws,Rp,Rs);         %_____
[b,a]=butter(N,Wn);                  %_____                   [H,f]=freqz(b,a,Nn,Fs);
%_____subplot(223),plot(f,20*log10(abs(H)));title('IIR 低通滤波
```

```
器的幅频特性');
    xlabel('频率/Hz');ylabel('振幅/dB');grid on;
    Yt=filter(b,a,Xt);                    %_____
    subplot(224),plot(t,Yt),title('低通滤波后的输出信号');    %绘制输出信号
    xlabel('时间/s');ylabel('振幅');grid on;              %坐标轴标识
```

IIR 低通滤波器消除地震信号中的汽车干扰的波形如图 9.11 所示。

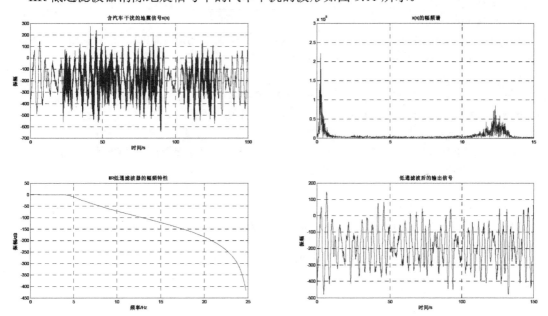

图 9.11　IIR 低通滤波器消除地震信号中的汽车干扰的波形

数据分析：

（1）观察图 9.11 的上方第 2 张子图，汽车干扰的频率范围是什么？

（2）观察图 9.11 的下方第 2 张子图，经低通滤波后，是否消除了汽车干扰？为什么？

（四）FIR 带通滤波器进行高频和低频干扰的消除

低震级的地震数据中含有高频和低频干扰，淹没了原始的地震信号，需设计带通滤波器，带通滤波器仅能使一定频带范围内的信号通过，可滤除其他噪声。本例的地震数据来源于长春地震台于 2003 年 8 月测得的发生在吉林省的 2.9 级地震，文件名为 ChangChun.txt，由于震级很小，因此地震信号在所采集到的波形图中无法分辨。

设计要求：采用窗函数法设计 FIR 带通滤波器来消除高频和低频干扰，采样频率 $f_s=50$Hz，设通带边界频率为 0.8～5Hz，转换成数字频率为 $0.032\pi\mathrm{rad}\sim0.2\pi\mathrm{rad}$，阻带衰减为 30dB，过渡带宽为 0.5Hz，转换成数字频率为 $0.025\pi\mathrm{rad}$，取汉宁窗，滤波器阶数 $N=320$，绘出原始波形及其幅频谱、带通滤波器幅频响应及滤波后的波形。

```
%kcsj334.m  （在%后的横线上填入注释）
clear
clc
load ChangChun.txt                    %_____
Xt=ChangChun';
```

```
Fs=50;                               %_____
dt=0.02;                             %采样间隔为 0.02s
N=length(Xt);                        %_____
n=0:N-1;
t=n/Fs;                              %_____
X=fft(Xt,N);                         %_____
f1=Fs/N*(0:N/2-1);                   %_____
t=[0:length(Xt)-1]*dt;
subplot (221);plot(t,Xt),title ('含高频与低频干扰的地震信号')%绘出输入信号波形
subplot(222);plot(f1,abs(X(1:N/2)));grid on;title('幅频谱');
axis([0 10 0 5e5]);
wp=[0.032 0.2];N=320;                %通带边界频率(归一化频率)和滤波器阶数
b=fir1(N,wp,hanning(N+1));           %设计 FIR 带通滤波器
[H,f]=freqz(b,1,512,1/dt);           %_____
subplot(223);plot(f,20*log10(abs(H)));title('FIR 带通滤波器的幅频特性');
xlabel('频率/Hz');ylabel('振幅/dB');grid on;   %_____
y=filtfilt(b,1,ChangChun);                    %采用 filtfilt 对输入信号滤波
subplot(224);plot(t,y)               %_____
title('带通滤波后的输出信号'),xlabel('时间/s')
```

FIR 带通滤波器消除地震信号中的高频和低频干扰的波形如图 9.12 所示。

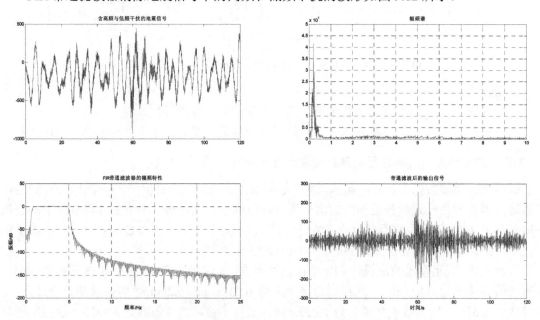

图 9.12   FIR 带通滤波器消除地震信号中的高频和低频干扰的波形

数据分析：

（1）观察图 9.12 的上方第 1 张子图，信号中的高频和低频干扰的波形分别是什么形状的？

（2）观察图 9.12 的上方第 2 张子图，高频和低频干扰的频率范围分别是什么？

（3）观察图 9.12 的下方第 2 张子图，经带通滤波后，是否消除了波形中的干扰？为什么？

课程设计项目 4　信号处理在通信系统中的应用

10.1　通信信号的调制与解调

一、课程设计研究背景

在模拟通信系统中，为了将语音、音乐等信号发送到远方，可在发送端通过调制将信号频谱搬迁至适合信道传输的较高频率范围，在接收端经解调将已调信号搬回原来的频率范围，从而恢复原信号，因此调制与解调是通信系统设计中的重要手段，调制方式有幅度调制、频率调制等。

二、课程设计目标要求

基于数字信号处理算法中的卷积定理和希尔伯特变换，统一描述与实现通信信号的 DSB/SSB、幅度调制（AM）与解调、频率调制（FM）与解调，对实验结果进行分析，并撰写 4000～5000 字的课程设计论文。课程设计论文包含以下内容。

1）题目、摘要、关键词、引言。
2）内容：通信信号的调制与解调。
3）包括：理论、程序（含注释）、图形、结果分析。
4）结论、参考文献。

三、课程设计内容与参考

设计 MATLAB 程序模块，实现以下功能。

（一）卷积定理和希尔伯特变换

卷积定理常用于幅度调制与解调。时域卷积定理为：设 $y(t)=x(t)*h(t)$，其中 $y(t)$ 是线性时不变系统对输入信号 $x(t)$ 的零状态响应，$h(t)$ 是系统的单位脉冲响应，则在频域中，$Y(\omega)=X(\omega)H(\omega)$，即时域卷积对应频域相乘，其中，$X(\omega)$、$H(\omega)$ 和 $Y(\omega)$ 分别为 $x(t)$、$h(t)$ 和 $y(t)$ 的傅里叶变换。频域卷积定理为：设 $y(t)=x(t)c(t)$，则在频域中，$Y(\omega)=(1/2\pi)X(\omega)*C(\omega)$，即时域相乘对应频域卷积，设 $c(t)$ 为载波信号，$c(t)=\mathrm{e}^{\mathrm{j}\omega_0 t}$，则 $X(\omega)*\delta(\omega\pm\omega_0)=X(\omega\pm\omega_0)$，即 $X(\omega)$ 在频带上的"搬迁"。

希尔伯特（Hilbert）变换是研究信号包络、瞬时频率的有力工具，$x(t)$ 的 Hilbert 变换为

$$x_{\mathrm{h}}(t) = x(t) * \frac{1}{\pi t} \tag{10.1}$$

$x_{\mathrm{h}}(t)$ 的频谱为

$$X_{\mathrm{h}}(\omega) = X(\omega)[-\mathrm{j}\,\mathrm{sgn}(\omega)] = \begin{cases} -\mathrm{j}X(\omega) & \omega > 0 \\ \mathrm{j}X(\omega) & \omega < 0 \end{cases} \tag{10.2}$$

由式（10.2）可见，$x(t)$经 Hilbert 变换后，其频谱的相位滞后了 90°而幅度不变，若设

$$x(t)=\cos(\omega_0 t)$$

则

$$x_h(t)=\sin(\omega_0 t)$$

（二）幅度调制与解调

1. 双边带（DSB）幅度调制

双边带（DSB）幅度调制与解调的框图如图 10.1 所示。

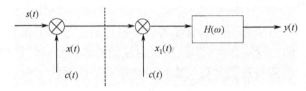

图 10.1　DSB 幅度调制与解调的框图

设基带信号为 $s(t)$，载波信号为 $c(t)=\cos(\omega_0 t)$，则 DSB 幅度调制后的已调信号 $x(t)=s(t)c(t)$，由频域卷积定理得其频谱

$$X(\omega) = \frac{1}{2\pi}S(\omega)*C(\omega) = \frac{1}{2\pi} \times \pi[\delta(\omega-\omega_0)+\delta(\omega+\omega_0)] = \frac{1}{2}[\delta(\omega-\omega_0)+\delta(\omega+\omega_0)] \quad (10.3)$$

DSB 幅度解调的过程如下。设 $x_1(t)=x(t)c(t)$，则其频谱为

$$X_1(\omega) = \frac{1}{2\pi}X(\omega)*C(\omega) = \frac{1}{2}\delta(\omega) + \frac{1}{4}[\delta(\omega-2\omega_0)+\delta(\omega+2\omega_0)] \quad (10.4)$$

$H(\omega)$为带通滤波器，可将 $X_1(\omega)$中的 $2\omega_0$ 成分滤除，从而恢复原信号。

设计要求：通过编程实现对仿真基带信号 $s(t)$进行 DSB 幅度调制与解调，设 $s(t)=\text{sinc}^2(50t)=\dfrac{\sin^2(50\pi t)}{(50\pi t)^2}$（$-0.5\text{s} \leqslant t \leqslant 0.5\text{s}$），载波信号 $c(t)=\cos(\omega_0 t)$，载波频率 $f_0 = 250\text{Hz}$。绘出 $s(t)$、$x(t)$、$x_1(t)$和解调信号 $y(t)$的波形及其频谱（设采样频率 f_s=2048Hz）。

```
%kcsj411.m  DSB 幅度调制与解调(在%后的横线上填入注释)
clear
clc
fs=2048;N=fs;ts=1/fs;
t=[-N/2*1:N/2]*ts;
s=sinc(50*t).^2;                %基带信号 s(t)
S=1/fs*fft(s,N);                %_____
f=fs/N*(-N/2:1:N/2-1);          %_____
subplot(421);plot(t,s);title('原信号 s(t)');grid on;axis([-0.1 0.1 0 1])
subplot(422);plot(f,abs(fftshift(S)));title('s(t) 的 幅 频 谱 |S(w)|');grid
on;axis([-100 100 0 0.02])
i=0:1:N;
c=cos(2*pi*250/N*i);            %载波信号 c(t)
x=s.*c;                         %已调信号 x(t)
X=1/fs*fft(x,N);
```

```
subplot(423);plot(t,x);title('已调信号x(t)');grid on;axis([-0.05 0.05 -1.1 1.1])
subplot(424);plot(f,abs(fftshift(X)));title('x(t) 的 幅 频 谱 |X(w)|');grid
on;axis([-500 500 0 0.01]);
x1=x.*c;                                    %_____
X1=1/fs*fft(x1,N);
wp=0.08*pi;ws=0.12*pi;ap=1;as=30;
[N1,wc1]=buttord(wp/pi,ws/pi,ap,as);        %_____
[b,a]=butter(N1,wc1);                       %_____
[H,w]=freqz(b,a,N,'whole');                 %_____
y=filter(b,a,x1);                           %_____
subplot(425);plot(t,x1);grid on;axis([-0.05 0.05 0 1]);title('信号x1(t)');
subplot(426);plot(f,abs(fftshift(X1)));grid on;axis([-600 600 0 0.01]);
title('x1(t)的幅频谱|X1(w)|');
subplot(427);plot(f,abs(fftshift(H)));grid on;axis([-200 200 0 2]);
title('低通滤波器的幅频响应|H(w)|');
subplot(428);plot(t,2*y);grid on;axis([-0.1 0.1 0 1]);title('DSB 解调信号y(t)');
```

DSB 幅度调制与解调的波形如图 10.2 所示。

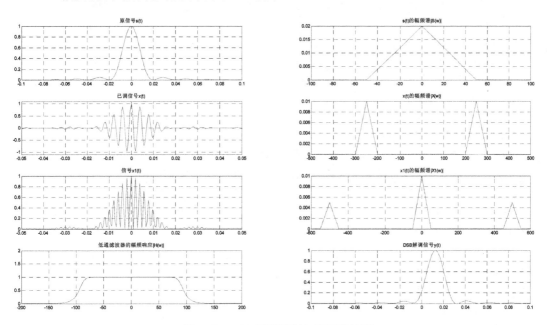

图 10.2   DSB 幅度调制与解调的波形

数据分析：

（1）观察图 10.2 的第 2 张子图和第 4 张子图，信号 $s(t)$ 的频带范围是什么？已调信号 $x(t)$ 的频带范围是什么？体会频域卷积定理的含义。

（2）观察图 10.2 的第 6 张子图，$x_1(t)$ 的幅频谱中出现的三个波形频带范围是什么？它们分别有什么含义？

（3）观察图 10.2 的第 7 张子图和第 8 张子图，低通滤波器 $H(\omega)$ 的通带截止频率与阻带截止频率分别是多少？观察第 8 张子图中 $y(t)$ 的波形，经过低通滤波后是否能将 $x_1(t)$ 解调为原信

号 $s(t)$？

2. 单边带（SSB）幅度调制

单边带（SSB）幅度调制是只产生一个边带（上/下边带）的调制方式，SSB 幅度调制的公式为

$$x(t) = \frac{s(t)c(t) + s_h(t)c_h(t)}{2} = \frac{s(t)\cos(\omega_0 t) + s_h(t)\sin(\omega_0 t)}{2} \tag{10.5}$$

式中，$s(t)$ 是基带信号；$c(t)$ 是载波信号；$x(t)$ 是已调信号（下边带信号）；$s_h(t)$ 和 $c_h(t)$ 是 $s(t)$ 和 $c(t)$ 的 Hilbert 变换。若将式中的 "+" 改为 "−"，则 $x(t)$ 变为上边带信号，SSB 幅度解调过程与 DSB 幅度解调过程相似。Hilbert 变换的 MATLAB 命令为 y=hilbert(x)，其中 y 为解析信号，即 $y(t)=x(t)+jx_h(t)$。

设计要求：通过编程对仿真基带信号 $s(t)$ 进行 SSB 幅度调制与解调，设 $s(t)=\text{sinc}^2(50t) = \frac{\sin^2(50\pi t)}{(50\pi t)^2}$（$-0.5\text{s} \leqslant t \leqslant 0.5\text{s}$），载波信号 $c(t) = \cos(\omega_0 t)$，载波频率 $f_0 = 250\text{Hz}$。绘出 $s(t)$、$x(t)$、$x_1(t)$ 和解调信号 $y(t)$ 的波形及其频谱（设采样频率 f_s=2048Hz）。

```
%kcsj412.m(在%后的横线上填入注释)
clear
clc
fs=2048;N=fs;ts=1/fs;
t=[-N/2*1:N/2]*ts;
s=sinc(50*t).^2;
S=1/fs*fft(s,N);
f=fs/N*(-N/2:1:N/2-1);
subplot(421);plot(t,s);title('原信号s(t)');grid on;axis([-0.1 0.1 0 1])
subplot(422);plot(f,abs(fftshift(S)));title('s(t)的幅频谱|S(w)|');grid on;axis([-100 100 0 0.02])
i=0:1:N;
c=cos(2*pi*250/N*i);       %_____
sh=imag(hilbert(s));       %_____
ch=imag(hilbert(c));       %_____
x=0.5*(s.*c+sh.*ch);       %_____
X=1/fs*fft(x,N);
subplot(423);plot(t,x);title('已调信号x(t)');grid on;axis([-0.05 0.05 -1.1 1.1])
subplot(424);plot(f,abs(fftshift(X)));title('x(t)的幅频谱|X(w)|');grid on;axis([-500 500 0 0.01]);
x1=x.*c;
X1=1/fs*fft(x1,N);
wp=0.08*pi;ws=0.12*pi;ap=1;as=30;
[N1,wc1]=buttord(wp/pi,ws/pi,ap,as);
[b,a]=butter(N1,wc1);
[H,w]=freqz(b,a,N,'whole');
```

```
y=filter(b,a,x1);
subplot(425);plot(t,x1);grid on;axis([-0.05 0.05 0 1]);title('信号x1(t)');
subplot(426);plot(f,abs(fftshift(X1)));grid on;axis([-600 600 0 0.01]);
title('x1(t)的幅频谱|X1(w)|');
subplot(427);plot(f,abs(fftshift(H)));grid on;axis([-200 200 0 2]);
title('低通滤波器的幅频响应|H(w)|');
subplot(428);plot(t,4*y);grid on;axis([-0.1 0.1 0 1]);title('SSB 解调信号
y(t)');
```

SSB 幅度调制与解调的波形如图 10.3 所示。

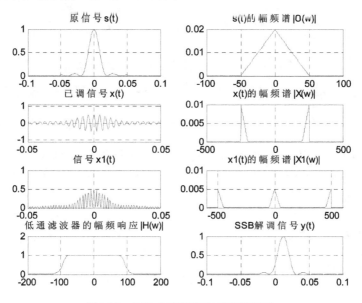

图 10.3　SSB 幅度调制与解调的波形

数据分析：

（1）观察图 10.3 的第 4 张子图，已调信号 $x(t)$ 的频带范围是什么？它是下边带信号，修改程序，将它改为上边带信号。

（2）观察图 10.3 的第 6 张子图，$x_1(t)$ 的幅频谱中出现的三个波形频带范围是什么？它们分别有什么含义？

（3）观察图 10.3 的第 8 张子图中 $y(t)$ 的波形，经过低通滤波后是否能将 $x_1(t)$ 解调为原信号 $s(t)$？

3．标准幅度调制

由于 AM 采用非相干解调（包络检波），可使得接收机价格低廉，因此广泛应用于无线电广播中。

设 $s(t)$ 和 $c(t)$ 分别是基带信号和载波信号，则 AM 已调信号为

$$x(t)=[1+as(t)]c(t) \tag{10.6}$$

式中，a 是调制指数（$0<a<1$）。

AM 解调可用包络检波器（如图 10.4 所示）实现，由于 $1+as(t)\geqslant0$，因此包络检波的输

出可用 Hilbert 变换描述，即

$$v(t)=1+as(t)=|1+as(t)|=\sqrt{x^2(t)+x_h^2(t)} \tag{10.7}$$

$v(t)$经电容 C 去除直流后即可得到原信号 $s(t)$，对应的数学关系为

$$y(t)=[v(t)-1]/a=s(t) \tag{10.8}$$

式中，$y(t)$是 AM 解调后的信号。

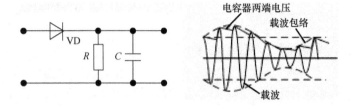

图 10.4　串联型包络检波器电路及其输出波形

设计要求：通过编程对仿真基带信号 $s(t)$进行 AM 幅度调制与解调，设 $s(t)=\mathrm{sinc}^2(50t)=\dfrac{\sin^2(50\pi t)}{(50\pi t)^2}$（$-0.5\mathrm{s}\leqslant t\leqslant 0.5\mathrm{s}$），载波信号 $c(t)=\cos(\omega_0 t)$，载波频率 $f_0=250\mathrm{Hz}$。调制指数 $a=0.5$，绘出 $s(t)$、$x(t)$、$x_1(t)$和解调信号 $y(t)$的波形及其频谱（设采样频率 $f_s=2048\mathrm{Hz}$）。

```
%kcsj413.m  AM 调制与解调
clear
clc
N=2048;fs=N;ts=1/fs;
t=[-N/2*1:N/2]*ts;
s=sinc(50*t).^2;
S=1/fs*fft(s,N);
f=fs/N*(-N/2:1:N/2-1);
subplot(321);plot(t,s);title('原信号 s(t)');grid on;axis([-0.1 0.1 0 1])
subplot(322);plot(f,abs(fftshift(S)));title('s(t) 的 幅 频 谱 |S(w)|');grid
on;axis([-100 100 0 0.02])
a=0.5;
i=0:1:N;
c=cos(2*pi*250/N*i);
x=(1+a*s).*c;
X=1/fs*fft(x,N);
subplot(323);plot(t,x);title('已调信号 x(t)');grid on;axis([-0.05 0.05 -2 2])
subplot(324);plot(f,abs(fftshift(X)));grid  on;title('x(t) 的 幅 频 谱
|X(w)|');axis([-500 500 0 0.6])
v=abs(hilbert(x));
y=(v-1)/a;
Y=1/fs*fft(y,N);
subplot(325);plot(t,v);grid on;title('包络信号 v(t)');
subplot(326);plot(t,y);grid on;axis([-0.1 0.1 0 1]);title('AM解调信号 y(t)');
```

（三）频率调制（FM）

设基带信号为 $s(t)$，对其进行频率调制后的已调信号为 $x(t)=\cos[\omega_0 t+\psi(t)]$，其中 ω_0 为载波频率，$\psi(t)$ 为相位。相位满足瞬时频率偏移与基带信号 $s(t)$ 成比例变化的条件，即 $d\psi(t)/dt=2\pi k_f s(t)$，$k_f$ 为调频指数，因此

$$x(t) = \cos\left[\omega_0 t + 2\pi \int_{-\infty}^{t} k_f s(\tau)d\tau\right] \tag{10.9}$$

调制信号的解调可通过"鉴频器"实现，也可通过 Hilbert 变换来描述，设解析信号 $z(t)=x(t)+jx_h(t)$，其中，$x_h(t)$ 是 $x(t)$ 的 Hilbert 变换，则 $\psi(t)$ 是 $x_1(t) = z(t)e^{-j\omega_0 t}$ 的相位 $\psi_1(t)$，再将 $\psi_1(t)$ 求导后除以常数 $2\pi k_f$，得解调后的信号为

$$y(t) = \frac{d\psi_1(t)}{dt} / 2\pi k_f \tag{10.10}$$

设计要求：通过编程对仿真基带信号 $s(t)$ 进行 FM 调制与解调，设 $s(t) = \mathrm{sinc}^2(50t) = \dfrac{\sin^2(50\pi t)}{(50\pi t)^2}$（$-0.5s \leq t \leq 0.5s$），载波信号 $c(t) = \cos(\omega_0 t)$，载波频率 $f_0=250$Hz。调频指数 $k_f = 0.5$，绘出 $s(t)$、$x(t)$、$x_1(t)$ 和解调信号 $y(t)$ 的波形及其频谱（设采样频率 $f_s=2048$Hz）。

```
%kcsj414.m (在%后的横线上填入注释)
clear
clc
N=2048;fc=250;
fs=N;
ts=1/fs;
t=[-N/2:1:N/2]*ts;
kf=0.6;
s=sinc(50*t).^2;
S=1/fs*fft(s,N);
f=fs/N*(-N/2:1:N/2-1);
subplot(321);plot(t,s);title('原信号 s(t)');grid on;axis([-0.1 0.1 0 1])
subplot(322);plot(f,abs(fftshift(S)));title('s(t) 的 幅 频 谱 |S(w)|');grid on;axis([-100 100 0 0.02])
int_s(1)=0;
for i=1:length(t)-1                %s(t)的积分
   int_s(i+1)=int_s(i)+s(i)*ts;
end
x=cos(2*pi*fc*t+2*pi*kf*int_s);    %_____
X=1/fs*fft(x,N);
subplot(323);plot(t,x);grid on;axis([-0.1 0.1 -1.5 1.5]);title('已调信号 x(t)');
subplot(324);plot(f,abs(fftshift(X)));title('x(t) 的 幅 频 谱 |X(w)|');grid on;axis([-500 500 0 0.1])
z=hilbert(x);                      %_____
x1=z.*exp(-j*2*pi*fc*t);           %_____
```

```
X1=1/fs*fft(x1,N);                %_____
phi=unwrap(angle(x1));            %_____
y=(1/(2*pi*kf))*(diff(phi)/ts);  %_____
subplot(325);plot(f,abs(fftshift(X1)));title('x1(t)的幅频谱|X1(w)|');grid
on;axis([-20 600 0 0.1])
subplot(326);plot(t(1:length(t)-1),y);grid on;axis([-0.1 0.1 0 1]);title('FM
解调信号y(t)');
```

FM 调制与解调的波形如图 10.5 所示。

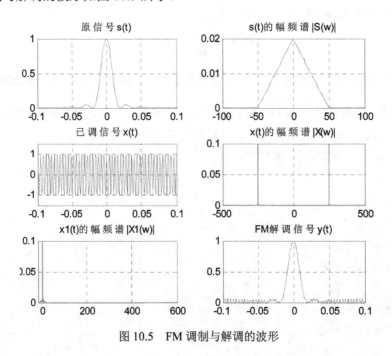

图 10.5　FM 调制与解调的波形

10.2　频分复用（FDM）

一、课程设计研究背景

在通信系统中，信号的有效带宽一般比较窄，传输信道的频带远比信号的频带宽。若信号不经任何处理直接通过信道传输，则在同一时间只能传输一路信号，这会造成极低的信号传输效率，是对通信系统资源的浪费。为充分利用传输信道的资源、提高信号的传输效率，可通过频分复用（FDM）的方式在信道中同时传输多路信号。

二、课程设计目标要求

基于数字信号处理算法实现频分复用，并对实验结果进行分析，撰写 4000～5000 字的课程设计论文。课程设计论文包含以下内容。

1）题目、摘要、关键词、引言。

2）内容：频分复用（FDM）。

3）包括：理论、程序（含注释）、图形、结果分析。

4）结论、参考文献。

三、课程设计内容与参考

（一）频分复用技术

频分复用是用频段分割的方法在一个信道内实现多路通信，在发送端将待发送的各路信号用不同频率的载波信号进行调制，使其产生的各路已调信号的频谱分别位于不同的频段，这些频段互不重叠，然后将它们送入同一信道中进行传输。在接收端用一系列不同中心频率的带通滤波器将各路信号从中提取出来并分别进行解调，即可恢复原来的各路调制信号。图 10.6 所示为频分复用原理框图。

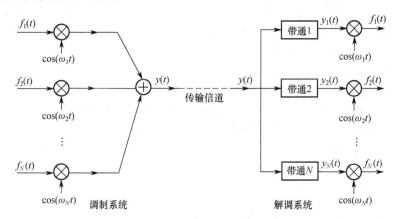

图 10.6　频分复用原理框图

（二）频分复用技术的实现

设计要求：基于 MATLAB 编程实现两路信号的频分复用，设计步骤如下。

1）产生 $x_1(t)=\mathrm{sinc}^2(50t)$（$\mathrm{sinc}(t)=\mathrm{Sa}(\pi t)$），$x_2(t)=2\mathrm{sinc}(100t)$（$-0.5\mathrm{s}\leqslant t\leqslant 0.5\mathrm{s}$），采样频率 $f_s=4096\mathrm{Hz}$，采样点数和做 FFT 的点数 $N=4096$，画 $x_1(t)$ 和 $x_2(t)$ 的波形及幅频谱 $|X_1(f)|$、$|X_2(f)|$。用 $f_{c1}=500\mathrm{Hz}$ 及 $f_{c2}=250\mathrm{Hz}$ 的载波信号 $c_1(t)$、$c_2(t)$ 分别对 $x_1(t)$、$x_2(t)$ 进行双边带幅度调制并相加，组成已调信号 $c(t)=x_1(t)c_1(t)+x_2(t)c_2(t)$，其中 $c_1(t)=\cos(2\pi f_{c1}t)$，$c_2(t)=\cos(2\pi f_{c2}t)$（$-0.5\mathrm{s}\leqslant t\leqslant 0.5\mathrm{s}$），画已调信号 $c(t)$ 及其幅频谱 $|C(f)|$。

程序设计提示：

（1）连续非周期信号频谱分析的近似计算方法如下。MATLAB 近似实现连续傅里叶变换的语句为 X=T*fft(x,N)，其中，x 是信号 $x(t)$ 经采样后的序列 $x(n)$；N 是采样点数和做 FFT 的点数；T 是采样周期；X 是 $x(t)$ 的连续傅里叶变换的近似值。

（2）频率轴定标：频率点 k 与实际频率 f 之间的转换关系为 $f=f_s/N\times k$（$k=-N/2\sim N/2-1$）。

（3）将幅频谱 $|C(j\omega)|$ 画在以 $f=0$ 为中心之处的 MATLAB 语句是 plot(f,abs(fftshift(C)))。

```
%程序：kcsj421.m（第 1 部分）（在%后的横线上填入注释）
clear
clc
```

```
fs=4096;ts=1/fs;N=fs;      %_____
t=[-N/2*1:N/2]*ts;         %_____
x1=sinc(50*t).^2;          %_____
x2=2*sinc(100*t);          %_____
X1=1/fs*fft(x1,N);         %_____
X2=1/fs*fft(x2,N);         %_____
f=fs/N*(-N/2:1:N/2-1);     %_____
i=0:1:N;
c1=cos(2*pi*500/N*i);c2=cos(2*pi*250/N*i);  %载波信号 c1(t),c2(t)
c=x1.*c1+x2.*c2;           %_____
C=1/fs*fft(c,N);           %_____
figure(1)
subplot(321);plot(t,x1);title('信号 x1(t)');
grid on;axis([-0.1 0.1 0 1])
subplot(322);plot(f,abs(fftshift(X1)));title('x1(t)的幅频谱|X1(w)|');
grid on;axis([-100 100 0 0.02])
subplot(323);plot(t,x2);title('信号 x2(t)');
grid on;axis([-0.2 0.2 -0.6 2])
subplot(324);plot(f,abs(fftshift(X2)));title('x2(t)的幅频谱|X2(w)|');
grid on;axis([-100 100 0 0.03])
subplot(325);plot(t,c);grid on;axis([-0.1 0.1 -2 3]);title('已调信号 c(t)');
subplot(326);plot(f,abs(fftshift(C)));title('c(t) 的 幅 频 谱 |C(w)|');axis
([-800 800 0 0.02]);grid on;
```

频分复用中的信号调制如图 10.7 所示。

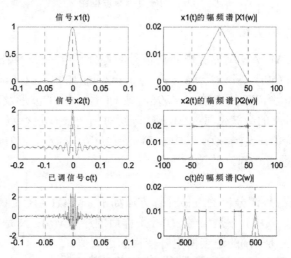

图 10.7　频分复用中的信号调制

数据分析：

（1）观察 $x_1(t)$ 和 $x_2(t)$ 的幅频谱，它们的频带范围分别是什么？

（2）经过 DSB 调制后，已调信号中 $x_1(t)$ 和 $x_2(t)$ 的频带分别被搬迁到什么位置？

2）在接收端用两个不同中心频率的带通滤波器将 $c(t)$ 中的两路信号进行频带分离，输出 $s_1(t)$ 和 $s_2(t)$。要求：画 $s_1(t)$ 和 $s_2(t)$ 的幅频谱 $|S_1(f)|$、$|S_2(f)|$。

程序设计提示：

（1）设计巴特沃斯带通滤波器的 MATLAB 语句是[N1,wc1]=buttord(wp/pi,ws/pi,ap,as)。设计模拟巴特沃斯带通滤波器，输出阶数 N1 和截止频率 wc1，其中，wp=[wp1 wp2]是两个通带截止频率，ws=[ws1 ws2]是两个阻带截止频率，ap 是通带波动（设为 1dB），as 是阻带衰减（设为 15dB）。

```
[b1,a1]=butter(N1,wc1);   %设计数字巴特沃斯带通滤波器,输出H(z)分子/分母多项式系数b1,a1
s1=filter(b,a,c)          %对c(t)进行带通滤波,输出s1(t)
```

（2）思考：怎样设置滤波器参数 wp 和 ws，可使这两路信号分离？

```
%程序:kcsj421.m（第2部分）（在%后的横线上填入注释）
wp1=[0.09*pi 0.16*pi];ws1=[0.08*pi 0.18*pi];   %_____
wp2=[0.2*pi 0.3*pi];ws2=[0.18*pi 0.34*pi];     %_____
Rp=1;As=15;                                    %_____
[N1,wn1]=buttord(wp1/pi,ws1/pi,Rp,As);         %_____
[N2,wn2]=buttord(wp2/pi,ws2/pi,Rp,As);         %_____
[b1,a1]=butter(N1,wn1);                        %_____
[b2,a2]=butter(N2,wn2);                        %_____
s1=filter(b1,a1,c);                            %_____
s2=filter(b2,a2,c);                            %_____
S1=1/fs*fft(s1,N);                             %_____
S2=1/fs*fft(s2,N);                             %_____
figure(2)
subplot(321);plot(f,abs(fftshift(S1)));grid on;
axis([-800 800 0 0.02]);title('频带分离信号s1(t)的幅频谱|S1(w)|');
subplot(322);plot(f,abs(fftshift(S2)));grid on;
axis([-800 800 0 0.02]);title('频带分离信号s2(t)的幅频谱|S2(w)|');
```

频分复用中的频带分离如图 10.8 所示。

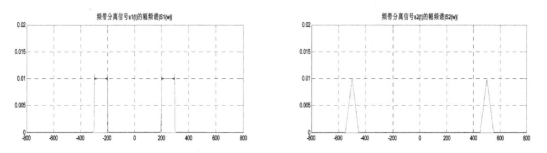

图 10.8　频分复用中的频带分离

3）对 $s_1(t)$ 和 $s_2(t)$ 进行解调：将 $s_1(t)$ 和 $s_2(t)$ 分别乘以载波信号 $c_1(t)$ 和 $c_2(t)$，得 $z_1(t)=s_1(t)c_1(t)$、$z_2(t)=s_2(t)c_2(t)$，再经低通滤波输出恢复后的信号 $x_{11}(t)$ 和 $x_{22}(t)$。要求：画出 $z_1(t)$、$z_2(t)$ 的幅频谱和解调后的信号 $x_{11}(t)$、$x_{22}(t)$。

程序设计提示： 巴特沃斯低通滤波器恢复原信号的 MATLAB 语句是[N3,wc3]=buttord

（wp/pi,ws/pi,ap,as）。设计模拟巴特沃斯低通滤波器，输出阶数 N3 和截止频率 wc3，其中，wp 是通带截止频率，ws 是阻带截止频率，ap 是通带波动（设为 1dB），as 是阻带衰减（设为 15dB）。

```
[b3,a3]=butter(N3,wc3);        %设计数字巴特沃斯低通滤波器,输出H(z)分子/分母多项式系数b,a
x11=2*filter(b3,a3,s1)         %对s1(t)进行低通滤波,输出x11(t)
x22=2*filter(b3,a3,s2)         %对s2(t)进行低通滤波,输出x22(t)
```

```
%程序:kcsj421.m（第3部分）  （在%后的横线上填入注释）
z1=s1.*c2;                    %_____
z2=s2.*c1;                    %_____
Z1=1/fs*fft(z1,N);           %_____
Z2=1/fs*fft(z2,N);           %_____
wp3=0.04*pi;ws3=0.06*pi;     %_____
[N3,wn3]=buttord(wp3/pi,ws3/pi,Rp,As);    %_____
[b3,a3]=butter(N3,wn3);                    %_____
s3=filter(b3,a3,z1);              %_____
s4=filter(b3,a3,z2);              %_____
subplot(323);plot(f,abs(fftshift(Z1)));grid  on;title('z1(t) 的 幅 频 谱
|Z1(w)|');
    subplot(325);plot(t,s3*2);title('解调信号x11(t)');grid on;axis([-0.2 0.2 -0.6 2])
    subplot(324);plot(f,abs(fftshift(Z2)));grid  on;title('z1(t) 的 幅 频 谱
|Z1(w)|');
    subplot(326);plot(t,s4*2);title('解调信号x22(t)');grid on;axis([-0.1 0.1 0 1])
```

频分复用中的解调如图 10.9 所示。

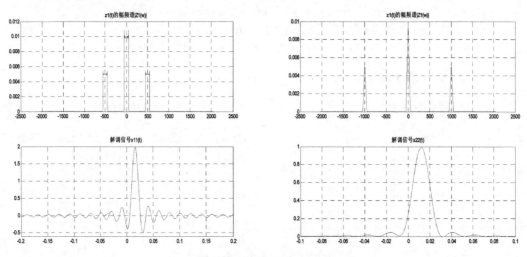

图 10.9　频分复用中的解调

数据分析：

（1）观察 $z_1(t)$ 和 $z_2(t)$ 的幅频谱，它们的波形有何特点？

（2）观察解调后的 $x_{11}(t)$ 和 $x_{22}(t)$ 的波形，它们是否与原始信号 $x_1(t)$ 和 $x_2(t)$ 一致？

课程设计项目 5 天文/电力/金融信号分析与处理

11.1 太阳黑子周期性分析

一、课程设计研究背景

太阳黑子是出现在太阳大气底层（光球层）上的巨大气流旋涡，是太阳活动最明显的标志之一，如图 11.1 所示。天文学家根据近 300 年来的记载，发现太阳黑子活动有 11 年的周期。另外，太阳活动还有 22 年、80 多年、170 年左右和 360 年等多种周期。当几种周期同时出现时，黑子相对数就特别大，对地球的影响也特别大。通过对太阳黑子进行观测可以预测一些比较明显的太阳黑子活动周期，这样可以为卫星通信、短波通信、电力供应等部门预报太阳黑子活动对电离层影响的程度，以便这些部门提前做好相应的防护准备。

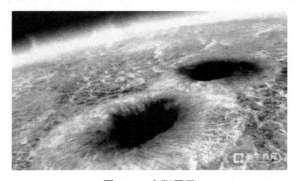

图 11.1 太阳黑子

二、课程设计目标要求

基于数字信号处理算法对太阳黑子数据进行分析，测量太阳黑子出现的周期并分析其频谱分量的规律性，对实验结果进行分析并撰写 4000～5000 字的课程设计论文。课程设计论文包含以下内容。

1）题目、摘要、关键词、引言。
2）内容：太阳黑子周期性分析。
3）包括：理论、程序（含注释）、图形、结果分析。
4）结论、参考文献。

三、课程设计内容与参考

（一）太阳黑子数据的载入与显示

本课程设计的数据来源于比利时皇家天文台（Royal Observatory of Belgium）的太阳影响数据分析中心（SIDC），SIDC 网页如图 11.2 所示。

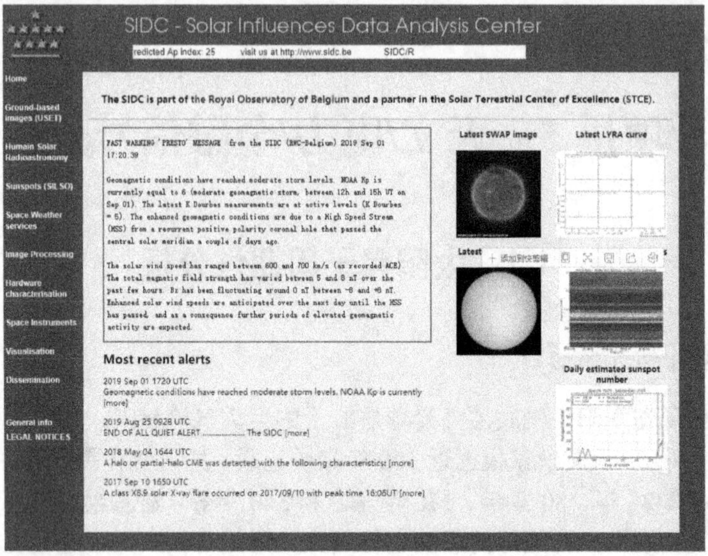

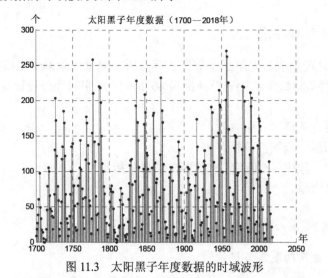

图 11.2　SIDC 网页

设计要求：载入太阳黑子年度数据（年平均总太阳黑子数），时间范围是 1700—2018 年，并显示其波形。

```
%kcsj511.m(第1部分)  (在%后的横线上填入注释)
clear
clc
load yeardata.txt   %_____
x=yeardata(:,2);
t=1700:2018;         %_____
subplot(221);stem(t,x,'.');grid on;title('太阳黑子年度数据（1700—2018年）');
```

太阳黑子年度数据的时域波形如图 11.3 所示。

太阳黑子年度数据（1700—2018年）

图 11.3　太阳黑子年度数据的时域波形

数据分析：在时域波形中，能否大致测量出太阳黑子出现的主要周期？该周期为多少年？

（二）太阳黑子年度数据的周期性分析

设计要求：设 $x(n)$ 是 1700—2018 年记录到的太阳黑子个数，编程实现：对太阳黑子年度数据进行零均值化处理；加汉宁窗以改善频谱泄漏现象；对数据做功率谱从而推测太阳黑子的主要周期，设 FFT 点数 N=512，采样频率 f_s=1Hz，并绘出功率谱。

```
%kcsj511.m(第2部分)   (在%后的横线上填入注释)
N=512;                %_____
fs=1;                 %_____
x=x-mean(x);          %_____
N1=length(x);         %_____
w=hanning(N1);        %汉宁窗
x=x.*w;               %_____
X=fft(x,N);           %_____
PSD=X.*conj(X)/N;     %_____
f=fs/N*(0:N/2-1);     %_____
subplot(222);stem(f,PSD(1:N/2),'.');grid on;title('太阳黑子年度数据的功率谱');
xlabel('f(Hz)');ylabel('PSD');
```

太阳黑子年度数据的功率谱如图 11.4 所示。

数据分析：该功率谱中的幅度最大值处对应的频率 f 是多少？太阳黑子出现的主要周期 T（T=1/f）是多少？

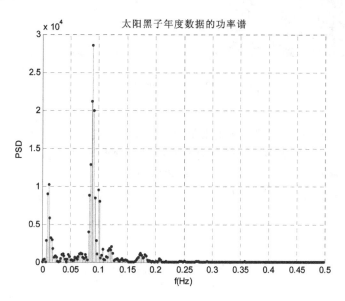

图 11.4　太阳黑子年度数据的功率谱

（三）太阳黑子月度数据分析

设计要求：从太阳黑子月度数据文件 monthdata.mat 中截取从 1960 年 1 月到 2009 年 1 月共 589 个月的月平均太阳黑子数进行时域及频域分析，测出太阳黑子出现的周期，并分析其频谱分量的规律性，绘出月度数据的时域及频域波形。

```
%kcsj512.m   (在%后的横线上填入注释)
```

```
clear
clc
load monthdata        %_____
x=monthdata(:,4);
x=x(2533:3121);   %截取 1960.1—2009.1 的太阳黑子月度数据
subplot(221);stem(x,'.');grid on;title('太阳黑子月度数据（1960.01—2009.01）');
xlabel('月');ylabel('太阳黑子月度数据');
x=x-mean(x);          %_____
N=1024;fs=1;
X=abs(fft(x,N));      %_____
f=fs/N*(0:N/2-1);     %_____
subplot(222);stem(f,X(1:N/2),'.');grid on;title('太阳黑子月度数据的幅频谱');
xlabel('f(Hz)');ylabel('幅频谱');
```

太阳黑子月度数据及幅频谱如图 11.5 所示。

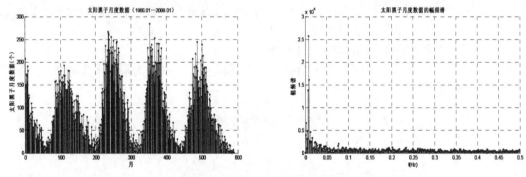

图 11.5　太阳黑子月度数据及幅频谱

数据分析：

（1）在时域波形中，能否大致测量出太阳黑子出现的主要周期是多少个月？折合成年数，并与前例进行对比。该幅频谱中的幅度最大值处对应的频率 f_k 是多少？太阳黑子出现的主要周期 $T（T=N/f_k）$ 是多少？折合成年数，与前例进行对比。

（2）从太阳黑子的幅频谱中还可读出哪几个幅度较大的频率分量？它们对应的周期是多少？

11.2　电力谐波信号分析

一、课程设计研究背景

理想的电力系统是以单一而固定的频率及规定的固定幅值的电压水平供电的，然而工业生产中的大功率换流设备、电子电压调整设备、电弧炉、非线性负载等会不可避免地产生非正弦波形，向电力系统注入大量谐波电流，导致电压、电流波形发生严重畸变，由谐波引起的正弦电压/电流的波形畸变已成为危害电能质量的主要原因之一，需对电力谐波进行分析，从而消除其影响。

二、课程设计目标要求

基于傅里叶变换算法分析与提取电力系统中谐波信号的频率分量，对实验结果进行分析，并撰写 4000～5000 字的课程设计论文。课程设计论文包含以下内容。

1）题目、摘要、关键词、引言。

2）内容：电力谐波信号分析。

3）包括：理论、程序（含注释）、图形、结果分析。

4）结论、参考文献。

三、课程设计内容与参考

（一）基于傅里叶变换的电力系统谐波分析原理

目前主要使用傅里叶变换（FT）来分析电力谐波信号。电力谐波信号是一个周期电气量的正弦波分量，其频率为基波频率的整数倍，谐波频率与基波频率的比值称为谐波次数。由于我国电力系统的额定频率为 50Hz，因此基波频率为 50Hz，2 次谐波频率为 100Hz，3 次谐波频率为 150Hz。在一定供电条件下，有些用电设备也会出现非整数倍谐波，称为间谐波或分数谐波。

设电力系统中的电流/电压信号用一个周期函数来表示，即

$$f(t) = f(t+kT) \tag{11.1}$$

式中，T 是工频周期。设 $f=1/T=50$Hz 是工频频率，$\omega = 2\pi f = 2\pi/T$ 是角频率。电力系统中的电流/电压信号一般都满足狄里赫利条件，因此可以分解成如下形式的三角形式的傅里叶级数

$$f(t) = A_0 + \sum_{n=1}^{\infty}(A_n \cos n\omega t + B_n \sin n\omega t) \tag{11.2}$$

或

$$f(t) = A_0 + \sum_{n=1}^{\infty} C_n \sin(n\omega t + \varphi_n) \tag{11.3}$$

式中，$A_0 = \dfrac{1}{T}\displaystyle\int_0^T f(t)\mathrm{d}t$ 是直流分量；$A_n = \dfrac{2}{T}\displaystyle\int_0^T f(t)\cos n\omega t \mathrm{d}t (n=1,2,3,\cdots)$；$B_n = \dfrac{2}{T}\displaystyle\int_0^T f(t)\sin n\omega t \mathrm{d}t$；$C_n = \sqrt{A_n^2 + B_n^2}$；$C_1 \sin(\omega t + \varphi_1)$ 是基波分量，其他各项为高次谐波。在实际工作中，各种录波装置记录的数据一般都不是连续的，而是在一段时间内将电压/电流信号经模数转换并按一定频率采样从而得到的离散时间信号 $\{f_k\}$，设从中取出一个周期 T 内的 N 个点，记为

$$\{f_k\}=f_0,f_1,f_2,\cdots,f_{N-1}$$

则 $n\omega t = n \times \dfrac{2\pi}{T} \times k\dfrac{T}{N} = \dfrac{2\pi}{T}kn$，$\mathrm{d}t=T/N$，因此第 n 次离散谐波系数 a_n 和 b_n 为

$$a_n = \frac{2}{T}\sum_{k=0}^{N-1} f_k \cos\frac{2\pi}{N}kn \times \frac{T}{N} = \frac{2}{N}\sum_{k=0}^{N-1} f_k \cos\frac{2\pi}{N}kn，\quad b_n = \frac{2}{N}\sum_{k=0}^{N-1} f_k \sin\frac{2\pi}{N}kn \tag{11.4}$$

则第 n 次（$n=0\sim N-1$）离散谐波的幅值 c_n 为

$$c_n = \sqrt{a_n^2 + b_n^2} \tag{11.5}$$

在 MATLAB 中可用 FFT（快速傅里叶变换）函数对信号进行频谱分析，其结果是信号的

DFT（离散傅里叶变换），DFT 的公式如下

$$F(n)=\mathrm{DFT}[f_k]=\sum_{k=0}^{N-1}f_k\mathrm{e}^{-\mathrm{j}\frac{2\pi kn}{N}}=\sum_{k=0}^{N-1}f_k[\cos\frac{2\pi kn}{N}-\mathrm{j}\sin(\frac{2\pi kn}{N})]\quad(n=0\sim N-1) \tag{11.6}$$

所以 $a_n=\dfrac{2}{N}\mathrm{Re}[F(n)]$，MATLAB 语句是 an = 2/N * real(fft(fk, N))；$b_n=-\dfrac{2}{N}\mathrm{Im}[F(n)]$，MATLAB 语句是 bn = -2/N * imag(fft(fk, N))；$C_n=\dfrac{2}{N}|F(n)|$，MATLAB 语句是 cn = 2 / N * abs(fft(fk, N))。

在此基础上可计算出 n 次谐波电压含有率 HRU_n（Harmonic Ratio U_n）、n 次谐波电流含有率 HRI_n（Harmonic Ratio I_n），分别为

$$\mathrm{HRU}_n=U_n/U_1\times100\%,\quad \mathrm{HRI}_n=I_n/I_1\times100\% \tag{11.7}$$

式中，U_n 是第 n 次谐波电压有效值（方均根值）；U_1 是基波电压有效值；I_n 是第 n 次谐波电流有效值；I_1 是基波电流有效值。

电压谐波总畸变率 THD_u（Total Harmonic Distortion）和电流谐波总畸变率 THD_i 为

$$\mathrm{THD}_u=\frac{\sqrt{\sum_{n=2}^{N}U_n^2}}{U_1}\times100\%,\quad \mathrm{THD}_i=\frac{\sqrt{\sum_{n=2}^{N}I_n^2}}{I_1}\times100\% \tag{11.8}$$

（二）电力系统谐波信号分析仿真

1. 电流谐波信号的产生

设计要求：设某电网的电流信号基频 $f=50\mathrm{Hz}$，电流谐波信号由基波、3 次谐波、5 次谐波、7 次谐波、11 次谐波、13 次谐波和 17 次谐波构成

$$x(t)=1\times\sqrt{2}\sin(2\pi\times50t+\frac{\pi}{18})+0.1\times\sqrt{2}\sin(2\pi\times150t+\frac{\pi}{9})+0.08\times\sqrt{2}\sin(2\pi\times250t)+$$

$$0.08\times\sqrt{2}\sin(2\pi\times350t+\frac{\pi}{6})+0.07\times\sqrt{2}\sin(2\pi\times550t)+0.08\times\sqrt{2}\sin(2\pi\times650t)+$$

$$0.05\times\sqrt{2}\sin(2\pi\times850t+\frac{\pi}{4})$$

采样频率 $f_s=4096\mathrm{Hz}$，采样点数 $N=4096$，通过编程来绘出 $x(t)$ 的时域波形。

```
%程序：kcsj521.m （第 1 部分）（在%后的横线上填入注释）
clear
clc
N=4096;                 %_____
fs=4096;                %_____
Ts=1/fs;                %_____

t=0:Ts:(N-1)*Ts;        %_____
f0=50;S=sqrt(2);
x=1*S*sin(2*pi*f0*t+pi/18)+0.1*S*sin(2*pi*3*f0*t+pi/9)+  ...   0.08*S*sin
(2*pi*5*f0*t)+0.08*S*sin(2*pi*7*f0*t+pi/6)+ ...
    0.07*S*sin(2*pi*11*f0*t)+0.08*S*sin(2*pi*13*f0*t)+0.05*S*sin(2*pi*17*f0*t+
pi/4);
```

```
%_____
plot(t,x);title('电流谐波信号x(t)');xlabel('t');ylabel('x(t)');
```

电流谐波信号的时域波形如图 11.6 所示。

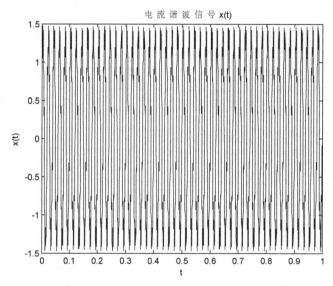

图 11.6　电流谐波信号的时域波形

2．采用 FFT 算法对电流信号进行谐波分析

设计要求：

（1）用条形图画离散谐波系数 a_n、b_n、谐波幅值 C_n（横坐标为谐波次数，画不为 0 的离散谐波系数），注意，画条形图的 MATLAB 语句是 bar(x,y)。观察图形，电流信号由哪些谐波分量构成？谐波幅值 C_n 是多少？离散谐波系数 a_n 和 b_n 各是多少？

（2）编程计算各次谐波电流含有率 HRI_n，并填写表 11.1。

表 11.1　各次谐波电流含有率

HRI_1	HRI_3	HRI_5	HRI_7	HRI_{11}	HRI_{13}	HRI_{17}

（3）编程计算电流谐波总畸变率 THD_i。

```
%程序：kcsj521.m（第 2 部分）（在%后的横线上填入注释）
X=fft(x,N);          %_____
Cn=2/N*abs(X);       %_____
an=2/N*real(X);      %_____
bn=-2/N*imag(X);     %_____
nc=find(Cn(1:N/2)>0.001);  %_____
C1=Cn(nc);           %_____
na=find(an(1:N/2)>0.001);
A1=an(na);
nb=find(bn(1:N/2)>0.001);
```

```
B1=bn(nb);
figure;
subplot(211);bar(nc/50,C1,'barWidth',0.2);          %_____
grid on;title('谐波幅值 cn');xlabel('谐波次数');ylabel('cn');
subplot(223);bar(na/50,A1,'barWidth',0.2);
grid on;title('谐波系数 an');xlabel('谐波次数');ylabel('an');
subplot(224);bar(nb/50,B1,'barWidth',0.2);
grid on;title('谐波系数 bn');xlabel('谐波次数');ylabel('bn');
disp('电流各次谐波含有率');
HRIn=C1./C1(1)                    %_____
disp('电流谐波总畸变率');  %_____
THDi=sqrt(sum(C1(2:end).^2))./C1(1)
```

谐波幅值和离散谐波系数的条形图如图 11.7 所示。

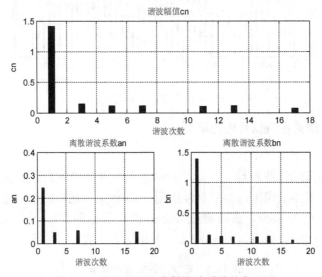

图 11.7　谐波幅值和离散谐波系数的条形图

11.3　股价数据分析与处理

一、课程设计研究背景

数字信号处理方法可用于金融领域，如进行股价数据分析与处理。QQQ 是一只股票基金，其价格跟踪纳斯达克上市公司的股价，QQQ 可在交易期内像普通股一样进行交易，所以每日都有一个开盘价、一个最高价、一个最低价和一个收盘价。QQQ 每日价格的历史数据是离散时间序列，可用数字信号处理方法进行分析与处理，预测其涨跌趋势。

二、课程设计目标要求

基于数字信号处理算法，对 QQQ 在指定交易期内的历史数据进行移动平均处理，初步预测其涨跌趋势。对实验结果进行分析，并撰写 4000～5000 字的课程设计论文。课程设计论文包含以下内容。

1）题目、摘要、关键词、引言。
2）内容：股价数据分析与处理。
3）包括：理论、程序（含注释）、图形、结果分析。
4）结论、参考文献。

三、课程设计内容与参考

（ ）QQQ 股价数据的导入与显示

QQQ 历史数据可从 Yahoo 的财经网站上下载，其网址为 http://finance.yahoo.com，在搜索栏中搜索"QQQ"，如图 11.8 所示。

图 11.8 搜索 QQQ 股价数据

下载指定交易期（2008 年 10 月 22 日至 2009 年 1 月 17 日）内的历史数据，并存为 Excel 文件"QQQ.csv"，显示 QQQ 每日的开盘价、最高价、最低价、收盘价、成交量及价格变化趋势，如图 11.9 所示。

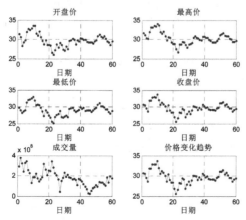

图 11.9 QQQ 股价数据变化的趋势

```
%kcsj531.m（在%后的横线上填入注释）
clear
clc
x=csvread('qqqdata.csv',1,1,[ 1 1 60 6]);  %载入 QQQ 股票数据（csv 格式）
Open=x(60:-1:1,1);        %开盘价
High=x(60:-1:1,2);        %最高价
Low=x(60:-1:1,3);         %_____
Close=x(60:-1:1,4);       %_____
Volume=x(60:-1:1,5);      %_____
AdjClose=x(60:-1:1,6);  %_____
subplot(321);plot(Open);grid on;
hold on;plot(Open,'.');xlabel('日期');title('开盘价');
subplot(322);plot(High);grid on;
hold on;plot(High,'.');xlabel('日期');title('最高价');
subplot(323);plot(Low);grid on;
hold on;plot(Low,'.');xlabel('日期');title('最低价');
subplot(324);plot(Close);grid on;
hold on;plot(Close,'.');xlabel('日期');title('收盘价');
subplot(325);plot(Volume);grid on;
hold on;plot(Volume,'.');xlabel('日期');title('成交量');
subplot(326);plot(AdjClose);grid on;
hold on;plot(AdjClose,'.');xlabel('日期');title('价格变化趋势');
```

（二）QQQ 股价数据的移动平均处理

移动平均滤波器常用于抑制离散信号中的噪声，它可以平滑输入序列，其作用类似于低通滤波器，可滤除信号中的高频分量，其公式为

$$y(n) = \frac{1}{L}\sum_{i=0}^{M} x(n-i) \tag{11.9}$$

应用移动平均滤波技术对 QQQ 股价数据进行移动平均处理，可初步预测股价的走势，移动平均线的作用是取得某一段时间内的平均成本，以此移动平均线配合每日收盘价线路变化可分析某一段时间多空的优劣形势，以研判股价的可能变化。通常依据 11 日移动平均线来观察短期走势，一般来说，若现行价格在平均价之上，则意味着市场买力（需求）较大，行情看好；反之，若现行价格在平均价之下，则意味着供过于求，卖压显然较大，行情看差。而 200 日长期移动平均线则可作为长期投资的依据，现行价格若在长期移动平均线之下，属空头市场，反之，则为多头市场。

设计要求：设 QQQ 交易期为 2008 年 10 月 22 日至 2009 年 1 月 17 日，共 60 个交易日，设 L=11 日，通过编程实现对 QQQ 的收盘价进行 L 点移动平均，画出收盘价及其移动平均线。

```
%kcsj532.m （主程序）（在%后的横线上填入注释）
clear
clc
x = csvread('qqqdata.csv',1,1,[1 1 60 6]); %_____
Close=x(60:-1:1,4);                         %_____
```

```
for i=11:60;
    y(i)=(1/11)*sum(Close (i-10:i));   %对收盘价进行 11 日移动平均
end
n=11:60;
[yshift,n1]=seqshift(y,n,-5);                     %y(n)左移 5 位以消除延迟
plot(Close(n1)),grid;hold all; plot(Close(n1),'.'); %_____
plot(yshift(n));plot(yshift(n),'+')               %_____
xlabel('日期'),title('收盘价和 11 日移动平均线')
%子函数：seqshift.m 序列的移位
function [y,n]=seqshift(x,m,n0)                   %y(n)=x(n-n0)
n=m+n0;
y=x;
```

收盘价和 11 日移动平均线如图 11.10 所示。

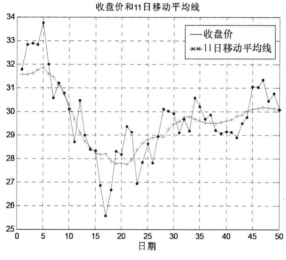

图 11.10　收盘价和 11 日移动平均线

（三）基于傅里叶变换的股票趋势分析

股票价格在一个足够长的时段（至少 50 个交易日）内通常会上下波动，并且形成周期性，可基于离散傅里叶变换（DFT）对股价数据进行频谱分析，以确定其主周期分量，但是股价数据中可能伴有短期的无规则斜坡特征，需事先去除。以 QQQ 的收盘价为例，设 $c(n)$ 为股票的收盘价，从 $c(n)$ 中减去斜坡影响，其结果为

$$x(n) = c(n) - c(1) + [\frac{c(1)-c(N)}{N-1}](n-1) \quad (n=1, 2, 3, \cdots, N) \tag{11.10}$$

设计要求：

（1）设 QQQ 交易期为 2008 年 10 月 22 日至 2009 年 1 月 17 日，共 60 个交易日，设这 60 个交易日的收盘价为 $c(n)$（$n=1, 2, 3, \cdots, N, N=60$）。通过编程对 $c(n)$ 消除斜坡影响，得 $x(n)$，并对其做 DFT，点数为 60，画 $x(n)$ 及其幅频谱的波形。

```
%kcsj533.m(第 1 部分)  (在%后的横线上填入注释)
clear
```

```
clc
QQQdata = csvread('qqqdata.csv',1,1,[1 1 60 6]);%_____
c=QQQdata(60:-1:1,4);                    %收盘价c(n)
x=[];
n=1:60;
for i=1:60
    x(i)=c(i)-c(1)+(c(1)-c(60))*(i-1)/59;        %_____
end
subplot(221);plot(n,x);grid on;
xlabel('日期');title('消除斜坡影响的收盘价x(n)');
X=abs(fft(x));                           %_____
k=0:59;
subplot(222);stem(k,X(k+1),'.');grid on;       %_____
xlabel('k');title('x(n)的幅频谱');
```

消除斜坡影响的收盘价及幅频谱如图 11.11 所示。

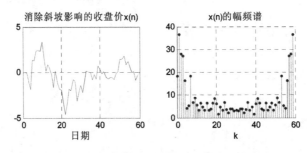

图 11.11   消除斜坡影响的收盘价及幅频谱

数据分析：观察图 11.11，$x(n)$的幅频谱中的最大幅值处对应的频率点 k 是多少？$x(n)$的主周期分量 $\omega_k = 2\pi k/N$ 是多少？

（2）在 $x(n)$的幅频谱中测量得到 $x(n)$的主周期分量，编程实现：用主周期分量对应的谐波对 $x(n)$进行逼近，得 $x_1(n)$，则

$$c_1(n) = x_1(n) + c(1) - [\frac{c(1)-c(N)}{N-1}](n-1)   (n=1,2,3,\cdots,N)   \tag{11.11}$$

式中，$c_1(n)$是 $c(n)$的平滑部分，可初步反映 $c(n)$的变化趋势。当 $c_1(n)$的斜率由负变正时，出现购买信号；当 $c_1(n)$的斜率由正变负时，出现抛售信号。画出 $x(n)$和 $x_1(n)$、$c(n)$和 $c_1(n)$的波形。

程序设计提示：当 $k=1$ 时，$x(n)$的幅频谱中的幅值最大，因此可用其一次谐波对 $x(n)$进行逼近，即

$$x_1(n) = \frac{2}{N}[X_R(1)\cos\frac{2\pi n}{N} - X_I(1)\cos\frac{2\pi n}{N}]   (n=1,2,3,\cdots,N, N=60)   \tag{11.12}$$

式中，$X(1)=X_R(1)+jX_I(1)$是 $x(n)$的一次谐波系数。问 $X(1)=X_R(1)+jX_I(1)$是多少？

```
%kcsj533.m（第2部分）（在%后的横线上填入注释）
N=60;
X=fft(x,N);        %_____
```

```
XR=real(X(2));  %_____
XI=imag(X(2));  %_____
x1=2/N*(XR*cos(2*pi*n/N)-XI*sin(2*pi*n/N));    %_____
c1=x1(n)+c(1)-(c(1)-c(60))*(n-1)/59;           %_____
subplot(223);plot(n,x,n,x1,'k');grid on;
xlabel('日期');title('x(n)与其平滑波形 x1(n)');
subplot(224);plot(n,c,n,c1,'k');grid on;
xlabel('日期');title('收盘价 c(n)与其平滑波形 c1(n)');
```

股票价格趋势分析图如图 11.12 所示。

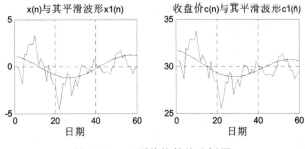

图 11.12　股票价格趋势分析图

数据分析：观察图 11.12 中的 $c_1(n)$，问 $c_1(n)$ 的斜率在什么日期由负变正？此时应抛售股票还是应购买股票？

附录 A　MATLAB 程序设计入门

第一节　概　　述

1. MATLAB 语言的特点

MATLAB 语言的特点是功能强、容易学习和使用。

2. MATLAB 的启动、运行和退出

（1）启动

双击 MATLAB 图标即可启动。

（2）执行方式

　　①在命令窗口中立即执行

　　注：若命令后带"；"，则不显示结果。

　　②生成 M 文件执行

　　正规程序应写成 M 文件。

要求：运行附录 A 中的例 1～例 11 程序，记录程序运行结果，初步学习 MATLAB 编程。

【例1】 求两个序列的卷积。

```
%序列卷积 li1.m
clear              %清除内存
clc                %清屏
x=[1,1,1];         %x(n)
y=[1,2];           %y(n)
z=conv(x,y)        %z(n)为 x(n)与 y(n)的卷积
```

注：

　　①who、whos 用于检查变量信息。

　　②所有命令都用小写字母。

　　③help 是帮助命令。格式为 help <命令或函数名>。

　　④clear 用于删除内存中的变量和函数。

　　⑤clc 用于清屏。

（3）退出

选择 File→Exit MATLAB，即可退出 MATLAB。

第二节　常数与常量、变量、矩阵、运算符和数组运算

1. 常数与常量

常数包括实数和复数。

特殊常量如下。

pi：π。

eps：最小机器数 eps=2.2204e^{-16}。

inf：无穷大+∞。

NaN：不定值，由 0/0 运算产生。

2. 变量

MATLAB 的变量区分大小写。

3. 矩阵

常数：1×1 维矩阵，如 A=[1]。

行向量：1×N 维矩阵，如 x=[1,1,1]。

列向量：N×1 维矩阵。

输入：元素之间用逗号或空格隔开，不同的行用分号隔开。

4. 矩阵下标

行、列的下标均从 1 开始，A(x,y)表示访问第 x 行、第 y 列的元素。

5. "："的应用

（1）使用"："代替下标，可以表示所有行或列。

（2）使用"："产生向量。

格式：n:s:m。

范围：从 n 到 m。

s 表示步长（默认值 s=1）。

6. 运算符

（1）种类

算术运算符包括:+（加）;-（减）;*（矩阵乘法）;.*（序列乘法）;/（矩阵除法）;./（序列除法）;∧（矩阵的乘方）;.∧(序列的乘方)。

关系运算符包括:==（相等）;>（大于）;<（小于）;<=（小于或等于）;>=（大于或等于）;~=（不等于）。

逻辑运算符包括:&（与）;|（或）;~（非）。

（2）特殊符号

%：注释符；…：续行号；find：寻找非零元素的下标。

7. 数组运算

（1）数组加减

数组加减的前提是维数相同。

（2）数组乘除和乘方

①.*表示数组乘法。

②./表示 x÷y，.\表示 y÷x。

③.∧表示数组乘方。

【例2】 序列加法和减法。

```
% li2.m
clear
```

```
clc
x=[2 1 0];
y=[0 1 2];
z=x+y
x=[2 1 0];
y=x-1
```

【例3】 序列乘法/除法/乘方运算。

```
% li3.m
clear
clc
x=[2 1 0];
y=[0 1 2];
z=x.*y
x=[1 2 3];
y=[4 5 6];
z1=x./y
z2=x.\y
x=[1 2 3]
z=x.^2
```

第三节 基 本 语 句

1. 赋值语句
格式：

```
<变量名>=<表达式>
```

2. 条件转移语句
格式1：

```
if <条件式>
        语句 1
    else
        语句 2
end
```

格式2：

```
if <条件式 1>
        语句 1
    elseif <条件式 2>
        语句 2
end
```

注：if 和 end 必须成对出现。

【例4】 if 结构示例。

```
% if 结构示例 li4.m
```

```
x=input('x=');%提示输入 x
if x<0
    y=-1
elseif x==0
    y=0
else
    y=1
end
```

3. for 循环语句（循环次数固定）

格式：

```
for<循环变量>=<初值>:<步长>:<终值>
        循环语句
end
```

【例5】 for 语句示例。

注：尽量将循环语句改为向量操作，以提高运行速度。

```
%for 语句示例 li5.m
clear
clc
s=0;
for j=1:1000
    if(s>10000),break;end
    s=s+j;
end
j
```

【例6】 某音频信号为 $x(n)=\sin(\omega n)$（$n=0\sim999$）。分别用：（1）循环语句 li61.m；（2）向量法 li62.m 产生该音频信号并监听。

```
%用循环语句产生音频信号 li61.m
clear
clc
f=100;fs=1000;
N=1000;
for n=1:N          %用循环语句产生音频信号
    x(n)=sin(2*pi*f*(n-1)/fs);
end
plot(x)            %绘图
sound(x);
```

```
%用向量法产生音频信号 li62.m
clear
clc
f=100;fs=1000;
N=1000;
n=0:N-1;
```

```
x=sin(2*pi*f*n/fs);%用向量法产生音频信号
plot(x)              %绘图
sound(x)
```

4. while 循环语句（循环次数不确定）

格式：

```
while <条件式>
        循环语句
end
```

【例 7】 while 语句示例。

```
%while 语句示例 li7.m
clear
clc
s=0;j=1;
while(s<10000)
   s=s+j;
   j=j+1;
end
```

5. 绘图语句

（1）plot 画连续曲线的格式：

```
plot(y)
```

或

```
plot(t,y)
```

stem 画离散序列的格式：

```
stem(y)
```

或

```
stem(t,y)
```

另外，zoom 是图形放大命令；axis 用于控制坐标轴的刻度和格式，如 axis([x_1 x_2 y_1 y_2])。

（2）允许在一个绘图窗口中同时绘制多条曲线。

（3）subplot(m,n,k)用于窗口分割。

m：分割行数；n：分割列数；k：要画图部分的代号。

【例 8】 绘图语句示例 1。

```
% li8.m
clear
clc
t=0:0.1:2*pi;
y=sin(t);
figure(1)
plot(t,y)  %画连续正弦曲线
figure(2)
stem(y,'.')%画离散正弦曲线
```

【例 9】 绘图语句示例 2。

```
%li9.m
```

```
clear
clc
t=0:0.1:2*pi;
y2=[sin(t);cos(t)];
plot(t,y2)
```

6. 输入/输出语句

（1）提示用户输入命令

格式 1（输入数字）：

```
c=input('<提示字符>=')
```

格式 2（输入字符串）：

```
c=input('<提示字符>',' 's')
```

（2）存储数据命令

格式：

```
save<文件名><变量>/ascii/double
```

（3）从文件中调出数据的命令

格式：

```
load<文件名>
```

【例 10】 输入/输出语句示例。

```
%输入/输出语句示例 li10.m
clear
clc
x=[1.1 1.2 3.1 4.2 5.6];
save das x -ascii
load das
das
```

第四节　函　　数

函数包括内部函数、工具箱中的函数、自定义函数。

函数调用方法如下。

（1）简单函数

y=log(x)

（2）多输入函数

z=conv(x,y)

（3）多输出函数

[y,j]=max(x)　　　y=max(x)

（4）多输入、多输出函数

[H,w]=freqz(b,a,n)

（5）简单函数可嵌套

y=sqrt[log(x)]

第五节　编写 M 文件

1. 底稿文件的后缀名为.m。
2. 函数文件的后缀名为.m。注意，函数文件的格式与底稿文件有所不同。
格式：

function[输出变量表]=<函数名>（输入变量名表）

注：一定要用函数名.m 存盘。如编写 $\delta(n\text{-}k)$ 函数

$$x(n)= \delta(n\text{-}k) = \begin{array}{l} 1 \quad n=k \ (n\text{-}k==0) \\ 0 \quad n\neq k \ (n\text{-}k \neq 0) \end{array}$$

```
% impda.m
function[x,n]=impda(k,n0,n1)
%x(n)=delta(n-k)
%n0≤n≤n1
n=[n0:n1];
x=[(n-k)==0];
```

注意：函数文件中的变量为局部变量，底稿文件中的变量为全局变量。

【例11】　调用 impda 函数产生单位脉冲序列 $x(n)=\delta(n\text{-}4)$。

```
% li11.m
clear
clc
n0=0;n1=9;td=4;
[x,n]=impda(td,n0,n1)
```

附录 B   本书所附电子资源内容说明

　　本书所附的电子资源完备，包括 3 个文件夹：实验项目参考源码、课程设计项目参考源码和附录 A 源码，分别存放实验项目、课程设计项目和附录 A 的所有参考程序及程序所需数据文件，全部在 MATLAB 7.0 及以上版本软件运行通过。请登录华信教育资源网（http://www.hxedu.com.cn）注册下载，也可登录在网络教学平台"学银在线"上开设的数字信号处理在线课程网站（https://www.xueyinonline.com/detail/200183931），下载并获得更多课程教学资源。

名称	修改日期	类型
实验项目参考源码	2019/9/6 13:58	文件夹
课程设计项目参考源码	2019/9/6 13:58	文件夹
附录A源码	2019/9/6 13:58	文件夹

参 考 文 献

[1] 高西全，丁玉美. 数字信号处理（第 4 版）[M]. 西安：西安电子科技大学出版社，2018.

[2] 戴虹. 数字信号处理实验与课程设计教程（自编讲义）.

[3] 程佩青. 数字信号处理教程（第 5 版，MATLAB 版）[M]. 北京：清华大学出版社，2017.

[4] 胡广书. 数字信号处理——理论、算法与实现（第 3 版）[M]. 北京：清华大学出版社，2012.

[5] 陈后金，薛健，胡健. 数字信号处理（第 3 版）[M]. 北京：高等教育出版社，2018.

[6] A.V·奥本海姆，等. 离散时间信号处理（第 3 版）.黄建国，等译. 北京：电子工业出版社，2015.

[7] 唐向宏，孙闽红，应娜. 数字信号处理实验教程——基于 MATLAB 仿真[M]. 杭州：浙江大学出版社，2017.

[8] 朱金秀，江冰，吴迪，胡居容. 数字信号处理——原理、实验及综合应用[M]. 北京：北京航空航天大学出版社，2011.

[9] 戴悟僧. 数字信号处理导论[M]. 北京：科学出版社，2000.

[10] 张延华，黎玉玲. 离散信号处理——应用与实践（第 2 版）[M]. 北京：机械工业出版社，2010.

[11] 王济，胡晓. MATLAB 在振动信号处理中的应用[M]. 北京：中国水利水电出版社，2006.

[12] 万永革. 数字信号处理的 MATLAB 实现（第 2 版）[M]. 北京：科学出版社，2012.

[13] Willis. J.Tompkins. 生物医学数字信号处理[M]. 林家瑞，等译. 武汉：华中科技大学出版社，2001.

[14] 聂能，尧德中，谢正祥，等. 生物医学信号数字处理技术及应用[M]. 北京：科学出版社，2005.

[15] 吴湘淇，等. 信号、系统与信号处理的软硬件实现[M]. 北京：电子工业出版社，2002.

[16] 戴虹. 基于卷积定理和希尔伯特变换的模拟调制分析[J]. 微计算机信息，2005（21），7-20.

[17] 李文娟，郭晓静，吴小培. 结合 ICA 和 PCA 的胎儿心电提取[J]. 计算机与发展，2007，223-229.

[18] 沈凤麟，陈和晏. 生物医学随机信号处理[M]. 合肥：中国科学技术大学出版社，1999.

[19] Hyvarinen A. A fast fixed-point algorithm for independent analysis[J]. Neural Computation,1997(9), 1483-1492.

[20] 李民. 基于小波分析的电机轴承诊断 MATLAB 程序设计[J]. 设备管理与维修，2015（7），90-92.